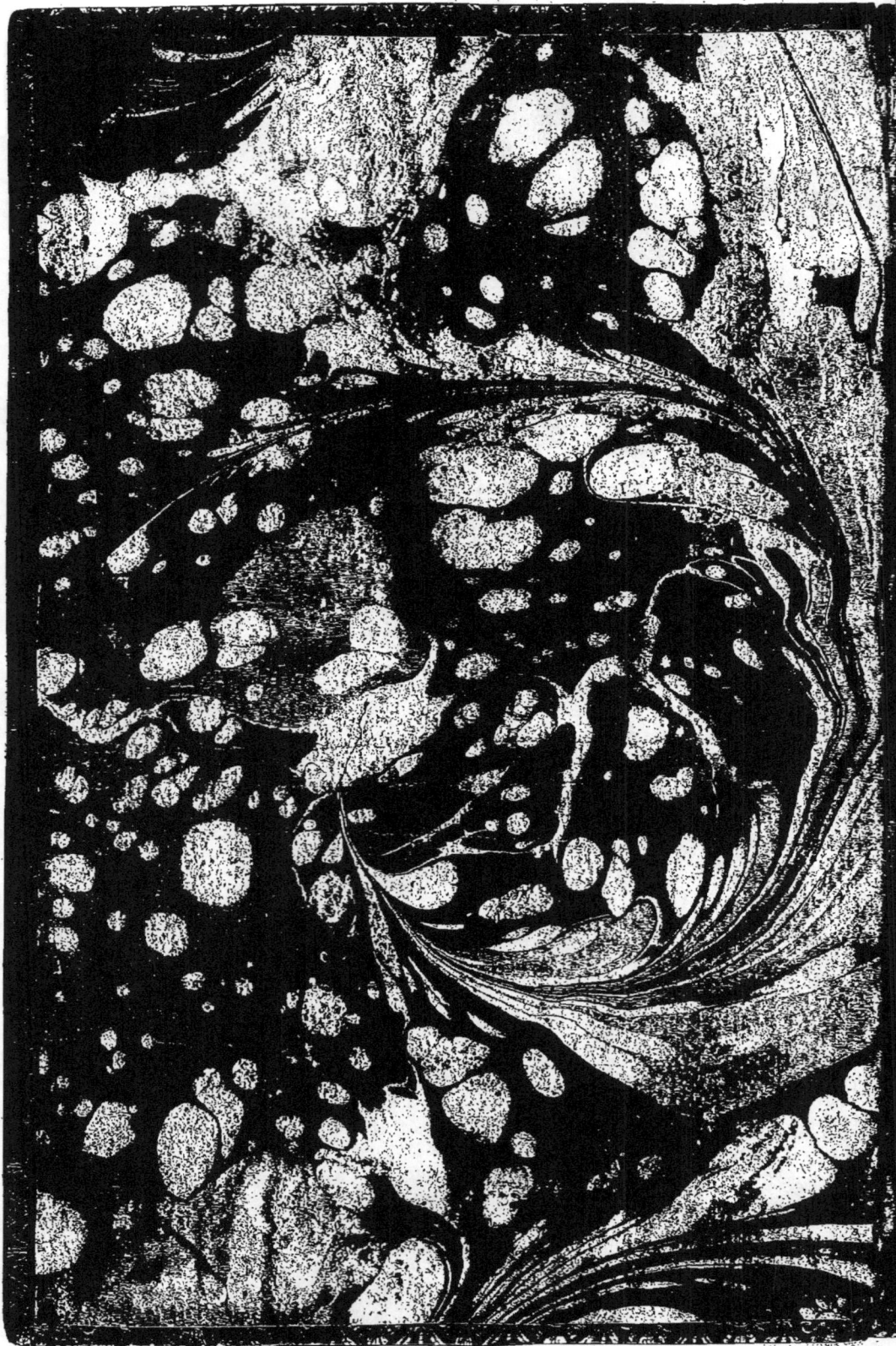

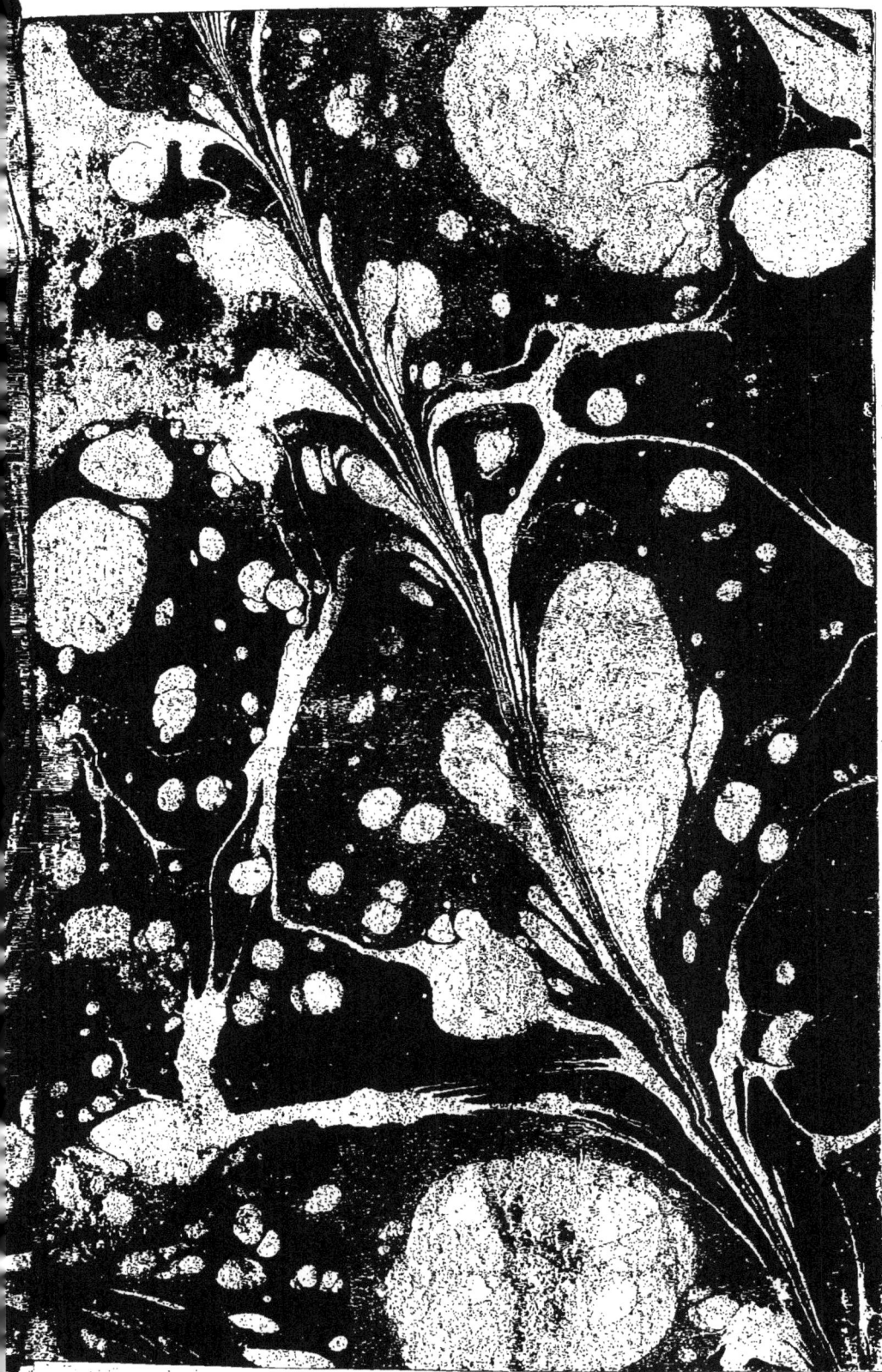

Sc et Wah: 1718

TRAITÉ
SUR
L'ACIER
D'ALSACE,
ou
L'ART
DE CONVERTIR LE
FER DE FONTE EN ACIER.

STRASBOURG,
Chez Jean Renauld Dulssecker,

MDCCXXXVII.

PREFACE.

IL y a cinq ou fix ans que l'on dé-
couvrit en Alface une mine propre à faire de l'Acier auffi bon
que le meilleur qui nous vient d'Allemagne : c'eft à Monf. Makaud de
Hircheim, Chevallier de l'Ordre mi-
litaire de St. Loüis, du corps de la
Nobleffe, & Magiftrat de la Ville de
Strasbourg, qu'on doit la connoiffance de cette mine. Il a commencé cette
découverte fous d'heureux Aufpices,
fous ceux qui annoncent une fortune
legitime & durable, ce n'eft qu'avec
des foins, & des dépenfes infinies, qu'il
eft parvenu à mettre la derniere main
à fon Entreprife ; c'eft à travers mille
contretems & contradictions, qu'il eft
venu à bout de démontrer qu'il faifoit
avec du fer fortant de fa mine, de l'A-
cier auffi parfait que le meilleur qui
nous vient des Païs étrangers. Il y a
cinq ans qu'il en fait à la vüe de tout le
monde, que des Ouvriers s'en fervent,

)(2   &

& en font de très bons inftruments:
on en a fait de coins de Monoye, qui
ont foutenu une Fabrique, dont à peine feroient capables les meilleurs
Aciers, & les mieux choifis de ceux
que nous tirons d'Allemagne. Après
des épreuves fi autentiques, croiroit-
on qu'il fut encore queftion de fçavoir, s'il fait effectivement de l'Acier,
& fi cet Acier eft bon. Il n'y a que 5. ou
6. mois, avant que l'Autorité Royale
eut parlé, que c'étoit encore un Pro-
blême. On avoit pouffé plus loin la
défiance; on avoit craint que cet Acier
ne fut point naturel, quil ne fut fait
avec des matières étrangéres, ou que
ce ne fut de l'Acier d'Allemagne gliffé
adroitement dans le creufet, ou fub-
ftitué à la place de celui qu'il prétend
faire. Il n'y a point de fuppofition que
certaines gens n'aient fait, plûtôt que
de reconnoître la verité d'un fait, qui
fe paffoit fous leurs yeux. On a quelque honte de rapporter des difcours
dont l'abfurdité paroîtroit trop grof-
fiere à touts ceux qui ont la moindre
idée du travail des forges, & du volume des maffes de métail que l'on coûle
dans les creufets. Les Ouvriers même
qui

qui emploient l'Acier, avoient tellement embrouillé la matiere par des
fuppofitions gratuites, & des raifon-
nements fpécieux, que les perfonnes,
qui ne font point au fait de ces manœuvres, fe font trouvées fouvent em-
baraffées, pour fçavoir quel parti
prendre. C'eft ce qui m'a engagé à
donner un Traité fur cette matière,
afin que ceux, qui voudront de bonne
foy être éclaircis, puiffent fe méttre en
état de juger en connoiffance de caufe, & qu'ils ne concourent point par
ignorance, & fans mauvaife intention,
à décrier une entreprife utile à la Province, & au Royaume.

La Cour informée de cette découverte, & en connoiffant l'importance,
a interpofé fon autorité, & honoré
l'Auteur de fa protection, & d'un Pri-
vilege exclufif, pour le mettre en état
de faire agir fa manufacture avec tout
le fuccès defiré.

Le deffein de cet ouvrage fera donc
de joindre la perfuafion, au fçeau de
l'autorité.

Il y a deux efpeces d'acier, l'acier
naturel, & l'acier artificiel; ce dernier
eft fort connu en France, on y en fait
beau-

beaucoup. Un auteur moderne *
a donné de nouveaux procédés pour
y réuffir : Il a décrit cet art avec
la fçience, la capacité, & les agré-
ments, dont il fçait enrichir toutes fes
productions. L'acier naturel eft beaucoup moins connu dans le Royaume,
quoique plus employé, & quoique on
y en fabrique, mais jufqu'ici trop mé-
diocre pour la plus grande partie de
nos ouvrages: nous avons toujours tiré
le meilleur des païs étrangers. Je n'ai
point de connoiffance d'aucun livre
françois qui inftruife de la manière
dont on le fait. Mr. Emanuel Swedenborg Affeffeur au College métallique
de Suede, en a donné le détail dans un
livre imprimé en latin à Dresde en
1734. ce détail fait une très petite partie de trois volumes in folio. Comme
les livres Allemands ne font connus en
France que d'un petit nombre de Sça-
vants; J'ai pris le parti de traduire ce
que l'Auteur Suedois dit de l'art de
convertir le fer crud, ou de fonte, en
Acier, & de le mettre à la fuite du petit traité que je donne.

Voici le plan que je me fuis pro-
pofé. Je donnerai dans les premiers
cha-

* Mr. de Reaumur.

chapitres, tout ce qui eft nécéffaire
pour avoir une connoiffance fuffifante
de l'acier, de fes differentes efpeces, &
de ce que l'art, & la Phifique nous en
ont appris. Je traiterai féparement
quelques matières, qui ne pourroient
point entrer commodément dans la
Relation qui fuivra, qui fera la manière dont on fabrique l'acier en Alface ;
Enfin j'y adjouterai, comme pour fervir de pieces juftificatives, ce que Mr.
Swedenborg dit de l'art de faire l'acier
naturel, ou l'acier de fer crud, en Suede, Stirie, Carintie, Tirol, & ailleurs.
Les contradictions bien ou mal fon-
dées, que l'Auteur de l'acier d'Alface a
effuyé, étant enfin terminées ; il y a
lieu d'efperer que la Province & le
Royaume receüilleront bientôt le fruit
d'une fi importante entreprife. Tout
le monde fçait que l'on confomme
dans le Royaume pour deux à trois
millions d'acier fin, que l'on tire des
païs étrangers, tant en Billes, qu'employé en inftruments de Taillanderie ;
on fent en même tems, quel avantage
ce fera pour la Province d'Alface, fi
ces fommes y reftent, fans paffer le
Rhin ; l'Alface en profitera, & leur

ren-

rentrée dans le Royaume sera assurée.

Cette façon d'envisager la nouvelle manufacture d'acier est frapante, c'est celle qui a fait ouvrir les yeux à plus de personnes : Cependant celle qui suit m'a paru n'être pas d'une moindre consequence. L'acier étranger est une marchandise de contrebande ; les Princes qui le possédent, en défendent le transport de leurs Etats, en France, il n'y entre qu'en fraude. Si dans des tems de guerre, ou de trouble, ils s'avisoient de tenir la main avec rigueur à leur déffence ; le Royaume se trouveroit privé en un moment de ce qu'il y a de plus nécessaire dans la vie, après les aliments. Que la matière du Luxe nous manque, c'est un malheur aisé à réparer ; le Luxe a des ressources en abondance, le nécessaire en a peu. Qu'il ne nous vienne plus de Porcelaines, & de Vernis de la Chine, de Cuirs de Hongrie, de Draps, & de Castors d'Angleterre, de Martes, & d'Hermines de Siberie, personne n'en souffrira, nous avons suffisamment de quoi nous dédommager : Mais que l'acier fin manque, touts les arts sont en suspends, nous n'avons plus d'armes

més offenfives. L'interdiction de cette
partie du commerce eft peut-être le
plus grand avantage que des voifins
puiffent avoir fur leurs voifins, & en
cela auffi la manufacture d'acier d'Alface eft d'autant plus précieufe, & digne d'une attention finguliere.

A l'occafion de la découverte de M.
de Hircheim, il s'eft élevé une difpute,
qui a nui longtems au fuccès de fon
entreprife : il fe fervoit du terme de
Mine d'Acier, & quantité de perfonnes,
a qui il annonçoit fa découverte, lui
en conteftoient la réalité, fondé fur
ce principe, qu'il n'y a point de *Mine
d'Acier*. Il en eft de cette difpute, comme de quantité d'autres, elles s'éva-
noüiffent, lorfqu'après avoir long-
tems difputé, on s'avife de convenir
de la définition des termes. Il eft vrai
qu'il n'y a point de mines d'acier, fi on
entend par-là un acier qui fort de la
terre tout fait, & que l'on puiffe mettre en œuvre fans autre préparation :
mais il eft vrai auffi qu'il y a des mines
d'acier, fi on entend fimplement la
diftinction d'une mine de fer propre
a être convertie en acier, d'avec une
autre mine propre à être convertie en

fer

fer forgé. C'eſt dans ce dernier ſens que les Allemands l'entendent, & je ne vois pas qu'il doive répugner aux François. Je me ſervirai donc comme M. Swedenborg, lorsque l'occaſion l'exigera, du terme de *Mine*, ou de *Veine d'Acier*.

L'Auteur Suedois appelle *ferrum crudum*, fer crud, ce que nous appellons fer de fonte. Je conſerverai ſon expreſſion dans la traduction que je donnerai de ſon ouvrage ; mais je me ſervirai de celui de fer de fonte dans mes diſſertations ; ce terme exprime très bien la mine de fer qui a ſouffert la première fuſion.

On a coûtume de nommer *Acier de fonte*, celui qui eſt fait immédiament avec des fontes : celui qui eſt fait avec le fer forgé n'a pas de dénomination particuliere. Comme je parlerai ſouvent de ces deux Aciers, ſoit pour les comparer, ſoit pour les diſtinguer, je nommerai le premier *Acier naturel*, & l'autre *Acier artificiel* : on verra par la ſuite de l'ouvrage, que ces dénominations diſtinctives leur conviennent parfaitement.

TABLE

TABLE
DES CHAPITRES.

Ob-

◉) o (◉

L'ART

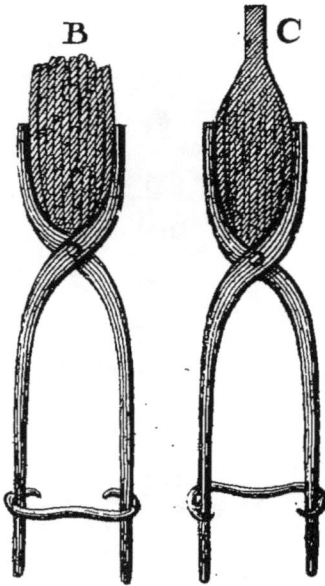

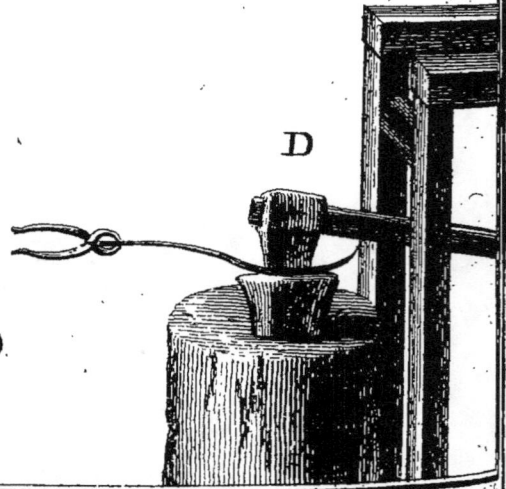

L'ART
DE CONVERTIR
LE FER DE FONTE
EN
ACIER.

CHAPITRE PREMIER.

Ce que c'est que l'Acier, & ses dif-
ferentes Especes.

JE ne crois pas que personne, avant M. De Reaumur, se fut avisé de contester la définition de l'Acier. Cet Auteur qui pouvoit la donner mieux qu'un autre, s'est contenté de faire entrevoir que

A   celle

celle qui à eu cours jusqu'à préfent,
eſt défectueuſe.   Je tâcherai de
déveloper ſon idée , & de la rendre dans un plus grand détail.

C'étoit une opinion, generalement reçüe juſqu'à ces derniers tems,
que l'Acier eſt un fer plus pur que
le fer ordinaire, que c'eſt une matiére affinée par le feu , & que l'A-
cier le plus fin , & le plus exquis
eſt du fer porté à la plus grande
pureté que l'Art peut luy procurer.
Malgré l'Antiquité de ce ſentiment,
& l'unanimité dont probablement
il y a joüi , depuis que l'Art de faire
l'Acier eſt connu; l'expérience ſuf-
fira pour le faire rejetter. Les progrés de la Phyſique ſe comptent autant par les préjugés qu'elle détruit,
que par les nouvelles connoiſſances
qu'elle fait naître.

On   entend par ce terme, fer
pur, un métail dégagé des parties
hétérogénes qui l'embaraſſent , &
qui luy nuiſent, un métail plus plein
des

des parties métalliques qui confti-
tüent fon être. Si l'Acier étoit
de cette nature, j'aurois certaine-
ment grand tort de difputer fa définition : mais fi l'Acier eft moins
dépoüillé de parties étrangéres, que
les fers d'une autre efpéce qui ne
font point de l'Acier ; s'il a même
befoin de parties héterogénes pour
être acier, et que le fer forgé ait
befoin d'en être plus dénüé, il ne
fera pas vray que l'Acier foit le fer
le plus pur. Or , il eft certain, &
c'eft ce qui va être prouvé dans ce
que je dirai fur la nature du fer, &
de l'Acier, que l'Acier naturel eft
dans un état moïen entre le fer de
fonte, & le fer forgé; que lorfque l'on pouffe le fer de fonte au
feu (j'entends celuy que la nature
a deftiné à devenir acier naturel) il
devient acier avant que d'être fer
forgé;ce dernier état eft la perfection
de l'art, c'eft à dire du feu, & du travail; aprés luy il n'y a plus que deftruction. A 2 Ainfi,

Ainſi, ſi l'on veut faire une définition juſte de l'Acier, il le faut
diſtinguer dabord en deux Eſpéces;
en Acier naturel, & en Acier factice
ou artificiel. L'Acier naturel eſt
celuy où l'art n'a eu d'autre part
que de détruire par le feu l'excés des
parties ſalines, & ſulphureuſes, dont
le fer de fonte eſt trop plein. L'Acier
artificiel eſt le fer à qui l'art a reſti-
tüé par le ſecours des matiéres é-
trangéres, les mêmes parties dont
il étoit trop dénüé. Enfin ſi l'on
deſire une définition generale, &
qui renferme les deux eſpéces, il
faut dire que l'Acier eſt un fer dans
lequel le mélange des parties métalliques, avec les parties ſalines,
& ſulphureuſes, a été amené au
point de préciſion qui conſtitüe le
métail que l'on appelle Acier.

Il n'entre point dans mon deſ-
ſein de décrire les mines de fer; je
ſuppoſe que l'on ſçait ce que c'eſt.
La

La mine au sortir de la terre eſt jettée dans un fourneau, où on la fond. Ce qui en provient, s'appelle de *la fonte*, & les lingots que l'on en forme, ſe nomment *Gueuſes.* Tous les Philoſophes Artiſtes qui ont travaillé ſur le fer, conviennent que ce métail eſt compoſé de parties métalliques, de ſoulfres, de ſels, & de parties terreſtres. La nature nous le préſente plus ou moins mélangé de ces parties, mais toûjours trop groſſiérement mélangé, pour nous procurer tous les avantages que nous en retirons. C'eſt icy que l'Art doit reformer la Nature. Le fer de fonte (ou la mine qui vient d'être fondüe) eſt dur, caſſant, intraitable; la lime, les ciſeaux, les marteaux n'ont aucune priſe ſur luy. Quand on luy donne une forme déterminée dans le moûle, il faut qu'il la garde : auſſi ne s'en ſert-on qu'à tres-peu d'uſages ; les Bombes, les Boulets, les Poëſles

A 3   les,

les contrecœurs de cheminée, les
marmites, & quelque peu d'autres
Ustenciles pareils font les feuls inftruments auxquels il fe reduit. La
raifon de fa dureté, & de fa facilité à être caffé, eft l'excés des parties fulphureufes, & terreftres dont
il eft plein; ce font ces parties qui
luy donnent cette roideur qu'elles
ont elles-même : Il n'y a qu'à l'en
dépouiller, il devient ductile, mol,
& par conféquent foumis à recevoir
toutes fortes de formes. Ce n'eft
plus alors par la fufion qu'il les re-
çoit, c'eft par le marteau, & par
la lime. C'eft donc à épurer le fer
de ces matiéres étrangéres, que
confiftent les deux Arts de faire
l'Acier naturel, & le *fer forgé.*

Le feul agent que nous aions qui
foit capable de féparer les parties
métalliques, des parties fulphureufes, falines, & terreftres, eft le
feu; par fon moïen les matiéres terreftres fe fondent, & fe vitrifient,

&

& fuivant les loix de la pefanteur,
les matiéres vitrifiées étant les plus
légéres, furnagent le métail lorfque
le tout eft en fonte, ce qui donne
la facilité de les enlever. On les ap-
pélle alors des *Craffes* ou *Scories*.

Pendant que les parties terreftres
fe fondent, & qu'on les enléve, le
feu brûle, & détruit les foulfres,
& les fels. On penferoit, que s'il étoit
poffible que cette deftruction des
parties terreftres, fulphureufes & falines fe fît dans la derniére exactitude, la matiére métallique refteroit
abfolument pure; mais c'eft-là une
idée qui n'eft pas confirmée par l'expérience; elle nous apprend que le
feu ne peut féparer totalement les
parties étrangéres, d'avec la matiére
du métail, fans le dépoüiller en même tems de toutes fes propriétés métalliques. Nous en avons l'exemple
dans ce que l'on appelle *Mâchefer*,
qui eft un fer dans lequel le feu à
confumé toutes les parties étrangé-

A 4   res,

res., & qui par-la est devenu de toute inutilité. La Chymie a poussé cette preuve jusqu'à la plus grande évi-
dence ; car avec ces mêmes parties
dépouillées de leurs qualités métalliques, aux quelles elle joint de nouveaux soulfres, elle recompose le fer,
ce qu'on appelle en termes de l'Art
revivifier le métail.

L'Art se réduit donc à ne priver le
fer de ses parties hétérogênes,
qu'autant qu'il est nécessaire pour détruire le vice de l'excés, & pour luy
en laisser ce qu'il luy faut pour être
Acier, ou *fer forgé*, suivant la qualité des mines.

Pour y parvenir, on fait rougir le
fer de fonte, ou la Gueuse ; on la
pâitrit sous des marteaux d'un poids
énorme, & à force de la rougir, &
de la tourmenter plus ou moins, suivant que l'expérience l'indique, on
change la nature de la fonte; & d'une
matiére dure & cassante, on en fait
une matiére molle, & flexible.

Voilà

Voila en general comme on traite toutes les mines de fer. Mais
la nature ayant voulu pourvoir à
tous nos besoins, nous à donné
des mines de fer de deux Espéces,
dont les unes deviennent fer forgé,
& les autres acier, en suivant à peu
prés le meme procédé.

Cela provient de ce que les unes
(telles sont la plûs part de nos mines
de France) contiennent un soul-
fre peu adhérent, qui s'exhale,&
s'échape aisément dans les premieres
operations du feu, & par là la matiere métallique se trouvant promptement dégagée d'une trop grande
partie de soulfres, & de sels, dont
elle étoit chargée, reste telle qu'elle
doit être pour être fer forgé; c'est
à dire, propre à tous les usages où
l'Acier n'est point requis, & que l'on
nepourroit faire avec du fer de fonte.
Les autres, (qui sont les mines
propres à devenir acier, & qu'on
appelle en Allemagne *mine,* ou *vei-*

nes d'Acier,) contiennent un ſoulfre fixe, qu'on ne détruit qu'avec beaucoup de peine ; Il faudroit réiterer bien des foïs ſur elles, & avec une augmentation conſiderable de dépenſe , le travail qui améne les premieres à peu de frais à l'eſtat de fer forgé : ce que l'on n'a garde de faire; car avant que d'acquerir cette derniere qualité , elles ſont acier. L'Acier naturel eſt donc un état moïen entre le fer de fonte , & le fer forgé , c'eſt le paſſage de l'un à l'autre. On feroit donc ſortir ces matiéres d'un état où elles valent 7, 8, 9, juſqu'à 15, & 16 ſols la livre, pour les faire arriver , à grands frais, à un autre où elles ne vaudroient plus que 3, ou 4 ſols. C'eſt ce qui m'a fait dire ailleurs qu'il y a des mines , telle eſt celle d'Alſace, qui ne peuvent point devenir fer forgé.

Pour réduire ce ſiſtême en peu de mots, on fait avec de la fonte, du fer forgé, ou de l'Acier naturel,

ſui-

suivant que les mines y sont propres. C'est la nature qui leur donne cette proprieté. En chauffant, & forgeant les fontes de Stirie, Carinthie, Tirol, Alsace, & de quelques autres lieux, on fait de l'Acier : & en faisant les mêmes opérations sur les mines de France, d'Angleterre, & d'ailleurs, on fait du fer forgé.

Auparavant que d'entrer dans le détail des procédés par lesquels on parvient à convertir la fonte de fer en Acier naturel, il est necessaire de dire un mot de l'Acier artificiel, quoy qu'il ne soit pas l'objet que je traite. C'est l'ignorance de la difference de ces deux Espéces d'Acier qui a jetté une infinité de personnes dans l'erreur, au sujet de la Manufacture d'Alsace. L'un & l'autre étant d'un tres grand usage, & provenant de la même source ; ce seroit n'avoir qu'une demie-connoissance de l'Art, si on n'en connoissoit pas une partie
qui

qui en fait la moitié, & dont l'une fait la preuve de l'autre.

Les Païs à qui la nature a refufé des mines propres à donner un acier naturel, ont recours à l'Art pour en faire d'artificiel. Ceux qui voudront, être inftruits de cet Art, dans le plus grand, & le plus fçavant détail, n'ont qu'à lire un livre qui parut à Paris en 1722. intitulé *L'Art de convertir le fer forgé en acier*, par *M. De Reaumur de l'Academie des Sciences*. Il feroit à défirer que tous les Arts fuffent traités par une main auffi habille; ils perdroient bientôt ces démarches aveugles & incertaines, qu'ils tiennent de leur naiffance, & qui font des obftacles à leurs progrés. Je ne dirai que ce qui fera néceffaire pour faire connoître ce que c'eft que l'acier artificiel, & en quoi il différe de l'autre. Mais pour en rendre le parallelle plus fenfible, j'ai befoin de dire encore un mot de l'Acier naturel.

Les mines de fer de Stirie, Carinthie, &c. ou, les matiéres qui
donnent cet Acier fin, & si renom-
mé, sont, comme toutes les autres,
un composé de parties métalliques,
salines, sulphureuses, & terrestres,
ces trois dernieres parties y abon-
dent avec excés.   Il faut souftraire,
autant qu'il est possible, toute la
partie terrestre, & ne laisser des deux
autres que la dose necessaire pour
faire la liaison des parties métalliques entre elles.   On enléve aisément par la fusion la partie terrestre
qui se vitrifie; mais les sels, & les
soulfres étant extrémement fixes, &
tenaces dans cette éspece de mine,
ils resistent long tems au feu; il faut
transporter souvent cette mine, du
feu sous le marteau, & du marteau au feu, pour briser, exténüer,
& chasser ces matiéres trop tenaces.
Cela demande un travail long, &
pénible. C'est ce travail qui est
l'Art de faire l'Acier naturel,& dont
                                    je

je donnerai la description. Cependant cette fixité des parties sulphureuses, & salines, dont il semble
qu'on auroit à se plaindre, est ce
qui fait le mérite de ces mines. Ces
matiéres, se détruisant lentement,
laissent le tems d'examiner leurs differents états, de trouver le point
cherché de leur destruction, & de
les arrêter dans celuy qui convient
pour faire des aciers plus ou moins
fins, suivant le besoin, Il en re-
sulte encore un autre avantage con-
siderable ; c'est que les instruments,
qui en sont faits, sont d'une tres-
longue durée, pouvant être remis
au feu tout autant de fois que l'on
en a besoin.

Mais la plûpart de nos mines de
France, & en general toutes celles
qui ne donnent point d'Acier naturel, laissant échaper aisément leurs
parties sulphureuses & salines, lorsque l'on les expose au feu, passent
tout d'un coup, & sans milieu saisissa-
ble

ble, de l'état de fer de fonte, à celuy
de fer forgé. Il a donc falu chercher
des moïens pour en faire de l'Acier,
puiſque la nature leur a refusé cette
proprieté.

Les Arts fourmillent de pratiques
qui étonnent les ſçavants ; ils ſont
ſurpris à chaque pas que des ouvriers
ignorans & groſſiers aïent imagi-
né des Manœuvres qui ſemble-
roient ne devoir être que le reſultat
de plus fines ſpeculations. L'Art
ancien, de convertir le fer forgé en
Acier, eſt une preuve que l'inſtinct
ya ſouvent auſſi loin que les plus pro-
fondes méditations. Je le décrirai
par les principes de la Phyſique, qui,
tous vrais qu'ils ſont, n'étoient
probablement pas connus de ceux
qui l'ont inventé.

On vient de voir que l'Acier eſt
un milieu entre le fer de fonte, & le
fer forgé ; qu'il a moins de ſoufres
que le fer de fonte, & plus que le fer
forgé : par conſequent, qui voudroit
faire

faire de l'Acier avec le fer forgé, doit
rendre à celuy - cy une partie des
foulfres dont il a été trop dé.
pouillé. Pour y parvenir, Il y a
une infinité de pratiques differentes,
qui toutes fe réduifent à enfermer
des Barres de fer forgé avec des matiéres fulphureufes & falines, dans
un Creufet bien fçêlé; on environne ce creufet d'un grand feu qui con-
tinüe pendant plufieurs jours ; toute la maffe entiere, c'eft a dire, le creufet & tout ce qu'il contient, eft tenu
rouge - blanc pendant tout ce tems.
Par ce moïen le feu ramolit le fer, en
écarte les parties, & intorduit dans
fes pores, les foulfres, & les fels des
matiéresétrangeres qu'on y a joint.
C'eft ainfi que l'on fait l'Acier artificiel. Le choix des matiéres fulphureufes & falines n'eft point indiffe-
rent dans cette operation. Tous
fels, & tous foulfres n'ont pas un
rapport également exact avec les pores du fer, ils n'ont peut - être pas
                                    tous

tous une égale solidité. Les In-
venteurs de cet Art ont été chercher
ceux qui convenoient, dans le re-
but, pour ainſi dire, de la Nature,
dans de vieux Cuirs, dans les cor-
nes des Animaux, dans des ſuyes,
& juſques daus l'Urine. Ce choix
eſt une grande preuve de leurs longues recherches.

M. Swedenborg remarque que
l'Acier artificiel le céde à l'Acier
naturel, en ce qu'il ne peut pas être
remis ſouvent au feu ſans perdre
ſa qualité d'Acier, ce qui eſt un
inconvenient conſiderable; car Il
y a pluſieurs inſtrumens qu'il eſt
neceſſaire d'y remettre frequem-
ment, comme les Burins, les Ciſe-
lets, les Ciſeaux à tailler des
limes, les limes même, & en-
fin tous les inſtrumens qui ſe détrem-
pent en les faiſant travailler.

B   CHA-

CHAPITRE II.

Des Secrets pour faire L'Acier.

IL y a des Secrets fans nombre pour faire de l'Acier, preuve certaine qu'il y en a trés - peu de bons; encore la plus part du Monde eft-il dans l'erreur au fujet de ceux qui peuvent paffer pour téls, & cette erreur en a jetté quelques uns dans des dépenfes confiderables. C'eft ce qui m'a déterminé à éclaircir cette matiére.

Il fuffit qu'on ait entendu dire qu'il y a des Secrets pour faire de l'Acier, on croit, fans diftinction, que tout Acier qui a de la réputation, eft l'Effet d'un Secret particulier; on ne s'informe point fi ce Secret eft pour l'Acier naturel, ou pour l'Acier artificiel. L'Acier d'Allemagne eft celuy de tous qui a le plus de réputation, on en conclud qu'il eft le refultat d'une manœuvre obfcure, & tenuë religieu

gieusement dans le silence. Il n'y
a pas beaucoup d'années qu'un
Homme d'Esprit, trés-intelligent en
matiére de mines, parcourut à
grands frais plusieurs Manufactures
d'Allemagne, de celles où on fait
de l'Acier naturel, pour tâcher de
découvrir le mistére caché. Il en
revint aussi peu instruit qu'il étoit
parti; Il se seroit épargné les fati-
gues, & la dépense du voyage,
s'il avoit sçû que pour faire de l'Excellent Acier naturel, il n'y a qu'un
seul Secret, c'est d'avoir une mine
que la Nature ait formée pour cela.
La mine découverte en Alsace est
du genre de celles qui procurent
le meilleur Acier: Les ouvriers
qui la travaillent, ont esté tirez de
ces fameuses mines de Saltzbourg,
de Stirie, du Tirol; avec les mêmes
Manœuvres qu'ils exerçoient chez
leurs prémiers Maîtres, il font en
Alsace de l'Acier qui égale au moins
celuy d'Allemagne. Tous les Se-

crets

crets vantés ne regardent donc que
l'Acier artificiel. On a vû dans le
chapitre précédent les principaux
ingrédients qui en font la baſe. Il
s'en fait une trés-grande quantité
en France, Les uns meilleurs que
les autres, & tous cependant dans
le genre des Mediocres, excepté
celuy indiqué dans *l'Art de conver-*
tir le fer forgé en Acier; qui réüſſit
trés-bien ſur des fers d'une bonne
Eſpéce; Il y en a deux Manufactures prés de Genêve dont on ſe
loüe fort. Ce Secret conſiſte à
ſtratifier des lames de fer forgé, & à
les coucher dans un Creuſet lits par
lits, avec une poudre compoſée de
ſuye de cheminée, de poudre de
charbon, de cendres de bois, & de ſel
marin, doſée ſuivant les principes de
l'Auteur. On fait auſſi de bon Acier
artificiel en Angleterre, mais il n'eſt
propre que pour les ouvrages que
l'on appelle dormans, c'eſt à dire,
qu'on ne fait point travailler, & qui
ne

ne fatiguent point, car il a le dé-
faut que Mr. Swedenborg à remar-
qué, qui eſt de ſe décompoſer, lors
qu'on le remet au feu.

CHAPITRE III.

Des Difficultéz de connoître les bons Aciers.

Lorſque la Manufacture d'Acier
d'Alſace eut enfin acquis de la
réputation, par l'attention que la
Cour parut y prendre; nombre
de curieux voulurent avoir de cet
Acier, pour en faire l'Epreuve, ou
du moins pour avoir le ſentiment
des gens connoiſſeurs. Chacun en
jugea, ou s'en rapporta à l'Ouvrier en qui il avoit confiance, &
ſur le rapport de ces Maîtres de l'Art,
chacun en décida. L'un le trouva
trop dur, l'autre trop moû, celuy-cy
affirma qu'il étoit revêche, celuy-là
ferrugineux, d'autres le trouvérent

B 3 excel-

excellent, quelques uns mediocre, les plus raisonnables jugérent que c'étoit encore une matiére indécise. Oserai-je le dire ?   Tout le monde jugea mal, & les Maîtres de l'Art plus mal que les autres, pour avoir décidé avec trop de précipitation. Le dixiéme Memoire de M. de Reaumur dans son *Art de convertir le fer forgé en Acier*, nous démontre, & nous prouve, que les Ouvriers les plus intelligens, ne peuvent juger de la bonté de l'Acier soit naturel, soit artificiel, qu'à la Longue, & par des Expériences réïterées. Un Acier nouveau, c'est à dire, d'une nouvelle fabrique, & qui n'est pas encore connu, veut êstre étudié par celuy qui le met en œuvre. La Trempe est un Tâtonnement trés-délicat, qui varie dans toutes les differentes Espéces d'Acier, & pour tous les differents vsages où on veut l'appliquer ; Elle exige des attentions trés-suivies, & un coup d'œïl bien

bien jufte. Si le prémier inftrument que l'on fait d'un Acier nouveau, fe trouve bon, c'eft un Effet du hazard; mais c'eft auffi un
figne certain que cet Acier étoit
bon : Si cet inftrument eft mauvais,
ce n'eft point du tout une confé-
quence que l'Acier le foit auffi; car
il aura pû arriver que l'Ouvrier, faute
de le fçavoir traiter comme Il doit
l'être, ou pour n'avoir pû trouver
la Trempe qui luy convient, l'aura
gâté, & même l'aura mis en état
de ne pouvoir plus être employé.
C'eft ce qui arriva il y a quelques années ; Feu Mgr. Le Duc d'Orleans
Regent du Royaume ayant fait venir
du Caire une Bille de cet Acier fa-
meux, dont on fait les Sabres de Da-
mas, nos Ouvriers de Paris ne pu-
rent jamais le mettre en œuvre; ils
l'auroient, fans hefiter, déclaré
détestable, fi une réputation de
plufieurs Siécles, & une expérience
incontestable, ne les avoient tenu
en refpect.　　　B 4　　　Ce

Ce n'eſt pas à dire qu'il n'y ait aucune maniére prompte de connoître
la valeur d'ün Acier; Il y en a, mais
ce ne ſont point celles dont les Ouvriers ſe ſervent.   Mr. Swedenborg en rapporte pluſieurs, que
l'on trouvera dans le chapitre de ſes
obſervations;   Elles ne ſont cependant que des à peu-prés, & nullement
infaillibles. Il eſt plus ſimple, & plus
ſûr d'en juger ſur l'experience, c'eſt
elle qui doit décider, & c'eſt par le
fait même que l'on doit s'aſſurer de
la verité d'un fait.   Malgré tous les
raiſonnemens de ceux qui doutent,
ou veulent douter, que la mine d'Alſace puiſſe produire du bon Acier,
on voit un grand nombre d'Ouvriers
habiles, & ſenſés, qui ſe fourniſſent
de ce même Acier, qui le travaillent
avec ſuccés, & qui en font de trés-
bons inſtrumens.   Les preuves que
l'on a de la bonté des Aciers de Stirie, ſont elles d'un autre genre?

En ſuivant cette même méthode
de

de confulter l'expérience, pour s'affurer de la bonté du nouvel Acier,
on fera même en droit de le croire
meilleur que celuy d'Allemagne,
puis qu'il a foûtenu une épreuve à laquelle fuccomberoient, & fuccom-
bent tous les jours les meilleurs
Aciers étrangers. Mr. le Maréchal
Du Bourg continuellement occupé
des foins de procurer tous les avantages poffibles à la Province dont le
Gouvernement luy eft confié, or-
donna il y a quelques mois, qu'il feroit fait des coins ou quarrés avec
l'Acier d'Alface, qui feroient effayés
à la Monoye de Strasbourg. Ses
ordres ayant été executés, on luy fit
le rapport que deux de ces coins a-
voient foûtenu la fabrique de 850.
marcs d'écus de trois liv. après avoir
été mis aux plus rudes épreuves que
les Monnoyeurs fçavent donner aux
coins qu'ils veulent éffayer. C'étoit
affez de cela pour s'affurer de la bonté de ces coins, mais ce n'étoit pas af-

sez pour être sûr de leur Excellence;
on a continüé de les faire travailler;
Ils ont achevé une fabrique de six
mille Marcs.

CHAPITRE IV.

Des Differentes Fabriques d'Acier naturel.

ON fait de l'Acier dans presque
toutes les parties du Monde.
Les besoins que l'on a de ce métail
sont si grands, & si étendus, que la
Nature y a pourvû en donnant à
presque tous les Peuples la facilité de
s'en procurer : Mais tous n'ont pas,
ou l'industrie, ou la matiére propre
à se procurer le meilleur. C'est encore une providence de la Nature qui
à voulu rendre les hommes necessai-
res les uns aux autres.

Les meilleurs Aciers naturels
nous viennent d'Allemagne. La
Carinthie, la Stirie, le Tirol, Saltzbourg,

bourg, fourniffent le plus excellent; Il fe diftribüe fous le nom commun d'Acier de Stirie. On en fait en Suede, en France. L'Afrique, les Indes, la Chine, le Japon n'en manquent point. Nous n'avons point de memoires affez exacts de la maniére dont on le fait dans ces trois derniéres parties de l'Afie, pour en pouvoir parler affirmativement. Il eft certain que l'on y en fait de tout auffi bon que le meilleur de nôtre Europe; Mais de dire comment, c'eft ce qui feroit difficile. Pour donner une preuve du peu de fond que l'on peut faire fur les relations des Voyageurs, je me contenterai de rapporter ce que Mr. Swedenborg en dit d'aprés quelques Voyageurs. Ils content que les Japonois, aprés avoir mis en barres le fer forgé, le jettent dans des Marais, & l'y laiffent tout autant de tems qu'il eft néceffaire pour que la roüille en confomme une partie; Ils le retirent enfuite,

le

le forgent de nouveau, puis le re-
mettent dans un Marais d'eau falée,
où ils le laiffent l'efpace de huit ou
dix ans, jufqu'à ce qu'une nouvelle
roüille en ait encore détruit la plus
grande portion. Ce qui refte de ce
fer, eft de l'Acier, à ce que l'on dit,
dont ils font tous leurs inftruments.
Mais cette Manœuvre eft fi oppofée
aux notions les plus conftantes fur la
Nature de l'Acier, quelle peut paffer pour une fable ; ou du moins
pour une Illufion de quelque Voyageur (ce qui n'eft que trop commun)
le quel ayant vû une mine de Marais,
telle que l'on en voit dans la Dalécarlie, aura pris le fer que l'on en tire,
pour un fer que l'on y aura mis en
dépôt.

Ce que l'on rapporte de ceux de
Célébés Isle voifine de Batavia, eft
trés - probable. On dit que c'eft à
force de chauffer le fer, & de l'éteindre dans l'eau, qu'ils parviennent à
faire un Acier de la plus excellente
quali-

qualité, & que la Nature de l'eau contribuë à la bonté de la Trempe. Il eſt certain que le Voyageur qui a rapporté ce fait, a omis les coups de Marteau ; en les ſuppoſant, leur maniére de faire l'Acier naturel, eſt la même que celle d'Europe. Quant à ce qu'ils diſent de la trempe, les expériences nous autoriſent à croire que ces Peuples pourroient ſe tromper, & attribuër à la qualité de certaines eaux, ce qui n'eſt que l'effet d'un different degré de fraîcheur dans ce liquide. Car on ſçait que le plus, ou le moins de bonté dans la trempe, ne dépend que du plus, ou du moins de fraîcheur dans l'eau, & de chaleur dans le fer. En général, plus le fer eſt chaud, & l'eau froide, plus la trempe eſt forte. Cette regle qui ne varie jamais dans ſa généralité, varie dans ſon application ſur toutes les differentes eſpéces d'Acier qui ſont infinies, & qui exigent toutes un choix particulier entre tous les diffe-

differents degrés qui tiennent aux
deux extrêmes de la Regle générale.

On fait de l'Acier naturel, ou de
fer de fonte en plusieurs Provinces
de France, en Champagne, en Dauphiné, en Normandie, dans le Perigord, la Franche-Comté, le Païs de
Foix : mais par ce que l'on n'a jamais
pû parvenir à y faire de l'Acier naturel, aussi bon que celuy qui vient
d'Allemagne, une infinité de personnes se font persuadés que les Allemands avoient un Secret dont ils fai-
soient mistére. La description que je
donnerai de la maniére dont on le
fait en Alsace, & celle de M. Swedenborg remettront ce prétendu secret au nombre des effets les plus
simples & les plus naturels.

):(

CHA-

CHAPITRE V.

Des *Mines*, *ou veines d'Acier*.

AVant que d'entrer dans la dé-
fcription de la converfion du
fer de fonte en Acier, il eft à propos
d'avertir que l'on ne fçauroit difcer-
ner à l'oëil, par aucun figne exterieur,
une mine de fer, d'avec une
mine d'Acier. Elles fe refem-
blent toutes ; ou pour mieux dire ,
elles font toutes fi prodigieufement
variées, que l'on n'a pû jufqu'à préfent affigner aucun caractére qui
foit particulier à l'un , où a l'autre , & je ne crois pas qu'il foit
poffible de le faire. Ce n'eft
qu'à la premiere fonte que l'on peut
commencer à conjecturer; & ce n'eft
qu'àprés avoir pouffé un éffay à fon
plus grand point de perfection, que
l'on s'affure de la bonté , ou de la
médiocrité de la mine.

La Nature a tellement deftiné certaines mines , plûtòt que d'autres, à
être Acier, que dans quelques Manufactures de France , où l'on fait de

l'Acier naturel, on trouve dans la même fonte un affemblage des deux mines bien marqué; elles fe tiennent féparées dans le même Bloc. Il y en a d'autres, où, comme on le verra dans M. Swedenborg, l'Acier furnage le fer dans la fonte : cette efpéce eft même une des plus favorables pour tirer de l'Acier excellent, & à trés-bon compte, mais malheureufement elle en fournit peu.

Un fait arrivé dans la mine d'Alface, & qui mérite bien de n'être pas paffé fous filence, fervira de preuve à cette verité, fçavoir que plus les mines tendent à être Acier, ou Acier plus pur, moins elles ont de difpofition à fe mêler avec celles qui font deftinées à être fer forgé, où Acier moins pur. Le Mineur ayant trouvé un filon de mine, qui par tous les Caractéres extérieurs luy parut d'une qualité trés-differente de l'arbre de
la

la mine, le préfenta au fondeur,
qui de fon chef en mit une portion
dans le fourneau à fondre avec la
mine ordinaire, pour voir quel effet
cela feroit , & fi de ce mélange il
en refulteroit quelque chofe d'vtile
à fon Maître. L'ors qu'il eut per-
cé fon fourneau , pour faire coûler
la fonte, les deux efpéces de Mine
fortirent enfemble , mais ne fe mê-
lérent point. La nouvelle fonte
avoit un œil fi different des fontes
de fer , que l'on crut d'abord que
cétoit tout un autre métail ; une
couleur cuivreufe , & des aiguilles
comme L'Antimoine écartérent
tout foupçon de fer. Cependant
le Maître de l'Acierie tenta de le traiter comme une fonte à Acier; Il y
réüffit ; cette matiére fe trouva être
du trés-bon Acier & plus fin même
que celuy de la Mine dont on fe fervoit ordinairement. M. De Reaumur
eft perfuadé que cette féparation
vient de ce que l'une des deux mi-

C nes

nes est plus légére que l'autre. D'où
il paroît que les mines destinées à ê-
tre Acier sont d'autant plus légéres
qu'elles s'éloignent plus du fer forgé & approchent le plus prés de la
meilleure qualité d'Acier.

CHAPITRE VI.

Des varietez des Manœures dans la Fabrique de l'Acier.

Lorsque l'on a trouvé une mine
de fer, & que l'on s'est assuré
par les épreuves, qu'elle est propre
à être convertie en Acier naturel, la
prémiére operation est de fondre
cette mine. Je suppose que l'on
sçait l'Art de la fonte. L'on fera
seulement attention, qu'au lieu
que le fer est coûlé en Gueuses,
c'est à dire, en Primes triangulai-
res dans les forges de fer forgé,
on le coûle en plaques minces, lorsqu'il doit être converti en Acier, &
cela

cela pour pouvoir être plus facilement brisé & mis en morceaux. Mais on fera curieux, & avec raison, de fçavoir fi les mines d'Acier, ou propres à devenir Acier, fe fondent comme celles qui font propres à faire le fer forgé ; Je repondray que ouy : les differences que l'on obferve dans les diverfes Manufactures, n'étant point relatives à la qualité qui fait qu'une mine donne ou ne donne pas de l'Acier.

Chaque Païs, & presque chaque forge a fes procédés differents, differentes conftructions de fourneaux, differentes pofitions de foufflets, des fondants particuliers, jufqu'aux charbons, dont le choix & le mélange ne font point uniformes. Les circonftances des lieux, la Nature de la mine, la qualité des Bois, les expériences font les caufes de la variété des Manœuvres ; Il en eft de même des operations, qui fui-

C 2   vent

vent cette prémiére fonte, pour
l'amener à l'état d'Acier parfait. Il
feroit infini de donner un détail de
toutes ces differences.   Si l'on con-
fronte la defcription que je donnerai
de la façon dont on ufe en Alface
pour convertir le fer de fonte en A-
cier, avec celles de M. Swedenborg,
& toutes celles de M. Swedenborg
entre elles, on trouvera plufieurs
manieres de procéder bien remar-
quables par leurs varietés.   J'ai crû
que je ferois plaifir, fi j'en mettois
fous les yeux plufieurs des plus frap-
pantes. Des effets naturels, qui fem-
blent fe contredire, & qui cependant
arrivent au même but, établiffent
fouvent mieux des conjectures Phy-
fiques, que des effets qui fe refem-
blent, quoiqu'en plus grand nombre.

   Dans les Acieries de la Dalécarlie,
Province de Suede, on fait rougir
la prémiére fonte, (ou la Gueufe)
puis on la forge; Après l'avoir forgé
on

on la fond une seconde fois. On
fait la même chose à Quvarnbaka
dans le même Royaume, mais on
jette sur cette fonte des cendres
mêlées de vitriol, & d'Alun. En
Alsace, & dans beaucoup d'autres
Manufactures, on supprime cette
seconde fonte.

A Saltzbourg, où on fait de l'Acier
de la meilleure qualité, on le chauffe jusqu'au rouge blanc, pour le
tremper, & afin que l'eau soit plus
froide, & la trempe plus vive, on y
jette du sel marin. En Carinthie, en
Stirie, on ne tient pas le fer si rouge,
& au lieu de sel, c'est de l'argile que
l'on détrempe dans l'eau. Ailleurs
on frappe le fer rouge long tems a-
vant que de le tremper, ensorte que
lors qu'on le plonge dans l'eau; Il
n'est plus que d'un rouge eteint.

Dans presque toutes les Acieries,
on jette des crasses, ou scories sur la
fonte, pendant qu'elle est en fusion,
on a soin même de l'en tenir cou-

C 3   verte

verte , pour empecher qu'elle ne se brûle.   En Suede ou se sert de Sable de riviére.   En Carinthie, Tirol, & Stirie on employe au même usage des pierres à fusil pulverisées.

En Stirie on ne fond qu'une petite quantité de fer à la fois , comme de 40. à 50. livres pésant.   A Quvarn baka les ouvriers ne s'embarassent pas de fondre peu, ou beaucoup, ils chargent quelque fois leurs fourneaux de 100. & 125. livres pésant en même tems.

Il y a des occasions où il faut que l'orifice de la Tuyére (c'est le cone par où le vent est introduit dans le fourneau) represente un demy Cercle; ailleurs le segment d'une figure Ovale.

Dans plusieurs Manufactures, on évite, comme quelque chose de pernicieux, de se servir de chaux pour fondant.   Ce fondant réüissit très bien dans la Manufacture d'Alsace.

Les fontes de Saltzbourg sont si paif-

paiffes, lors qu'elles font en fufion.
Dans les autres lieux elles ne peuvent
être trop limpides & coulantes.

Il y a des Manufactures où il faut
agiter la fonte. Il y en a d'autres,
comme en Dauphiné, où il faut la
laiffer tranquille.

Quelques uns veulent coûler la
fonte fur des lits qui foient fcrupuleufement faits d'un fable de rivére
trés fin, & trés-pur; Ils prétendent
que l'Acier en vaudra mieux. En
Alface,& en beaucoup d'autres lieux
on fe contente d'un Sable tiré de la
Terre, & l'Acier n'en vaut pas
moins.

Plufieurs de ces differentes façons
d'operer doivent leur origine à la
qualité des mines, qui ne font pas
toutes également dociles à fubir les
mêmes procedés où à des Taton-
nements aveugles, & quelques u-
nes au pur hazard. Il n'eft nullement fur que chacune de ces ma-
niéres foit Effentielle dans les

C 4   lieux

lieux où on la pratique, & qu'on ne puisse pas faire mieux, il est même tres probable que plusieurs réussiroient egalement & peutêtre mieux dans un lieu que dans un autre. Enfin cet Art tout ancien, & admirable qu'il soit est encore dans son Enfance. Toutes les Machines qui servent a convertir le fer en Acier naturel sont d'une invention surprenante, un œil un peu Philosophe ne peut les voir sans raviffement; & en même tems sans quelque déplaisir que la converfion du Métail a la qu'elle elles sont employees ne soit qu'un à peu prés qui en est encore a se perfectionner par une recherche constante de hazards heureux.

Cette verité m'engage à faire une observation qui poura être utille à ceux qui établiffent des Manufactures nouvelles, & même à ceux qui en ont de toutes faites.

Les ouvriers, fur tout ceux des Arts lourds, & groffiers, dans les quels

quels on ne peut employer que des
hommes ruſtres, accoutumés à ex-
ercer leurs bras, beaucoup plus que
leur jugement, ſont preſque tous
montés ſur un ſeul procedé, qui eſt
celuy qu'on leur à enſeigné : Tiréz
les de leur train ordinaire, Ils
ſont arreſtés tout court, faites leur
changer de route, ils ſe rebutent ;
les plus ſpirituels ne ſçavent que vous
contredire. Generalement parlant
ils ſont tous intimement perſuadés
qu'il n'y a rien de mieux que ce qu'ils
ont apris de leurs Maiſtres, qui l'a-
voient appris de leurs Prédéceſſeurs,
& qu'ils Enſeigneront a leurs En-
fans. Si les Manœuvres ſont differentes dans les differents lieux, c'eſt
que ceux qui ont travaillé les premiers dans ces lieux où il à falu changer de Manœuvre, s'éſtant trouvés
arreſtés par des Circonſtances im-
prévües, ſe ſont jettés en aveugles
ſur tous les moiens qui leur ſont
tombés ſous la main, des hazards

C 5 heu-

heureux ont décidé de leur choix;
& comme le hazard en à décidé, ils
font differents dans les differents
lieux.

Cela prouve que ce ne font pas
toûjours les meilleurs moiens qui
font en ufage par tout. Un bon Ef-
prit pourra en adopter de ceux qui
fe pratiquent ailleurs, en imaginer
même de nouveaux, & en fuppri-
mer d'inutils. En ne fe rendant
point Efclave des pratiques ancien-
nes, il perfectionnera fon ouvrage,
tant pour la bonté, que pour la facilité des operations; car ce font
ces deux conditions qui font la
perfection des Arts.

La Manufacture d'Acier d'Alface
fournit un exemple récent des Em-
baras que caufent les pratiques o-
piniâtres des ouvriers; & combien
il eft important que celuy qui veut
faire un pareil établiffement fçache
fe retourner, & conduire fes Mai-
ftres même. Mr. de Hircheim a-
voit

voit affemblé à gros frais des ouvriers tres habiles tirés des differentes Manufactures d'Allemagne,
chacun d'eux avoit apporté avec
luy fa manjére d'operer: toutes
ces manjéres differentes fe croi-
foient le plus fouvent, & fe trou-
bloient l'une l'autre, celuy cy
défaifoit ce que celuy la avoit
fait, la confufion des langues fe
mettoit parmy Eux. Ce n'étoit
plus les mêmes lieux, ny les mêmes mines ou ils avoient coutûme
de Manœuvrer. Il ne faut fouvent que cela pour arrêter des gens
qui travaillent comme les Caftors.
Mr. De Hircheim fe trouva bientôt
obligé d'etudier, & d'inventer luy
même ce qu'il efperoit apprendre
de gens renommés dans leur Art.
Cela arrivera toûjours à tout nouvel Entrepreneur. Je ne doute
pas que ce ne foit la une des
principales caufes qui a fait é-
choüer en France tant de Manufa-
ctures

ctures de toutes Espéces, que
l'on à vû paroître, & disparoî-
tre en même tems. M. De Hirch-
heim auroit couru les mêmes ris-
ques, si un courage invincible,
une patience à toute epreuve, &
une industrie merveilleuse ne luy
avoient fait surmonter tous ces
obstacles.

)•(

CHA-

CHAPITRE VII.

La Maniére de faire l'Acier Naturel, où de fer de fonte dans la Manufacture d'Alsace.

PRés de Dambach, à 7. lieües de Strasbourg, & à my côfte d'une des Montagnes des Vofges, on à ouvert une mine de fer qui a tous les Caractéres d'une mine abondante, & riche. Elle rend par la fufion 50 fur 100. pefant. Les filons font larges de 4. à 5. pieds, on leur trouve jufqu'a préfent plus de 20. à 30. Toifes de hauteur. Ils courent des Entredeux de rochers extrémement écartés. Ils Jettent de tous cotés des branches auffi groffes que le Tronc, & que l'on fuit par des Galleries. La mine eft couleur d'ardoife, elle eft compofée d'un grain ferrugineux tres fin enveloppé d'une terre graffe qui diffoute dans l'Eau prend une affez bel-

le

le couleur d'un brun violet. Quoy
qu'on la pulverise, la Pierre d'Aiman
ne paroit point y faire la moindre im-
preffion. L'aiguille de la Bouffole
n'en reffent point non plus à fon approche: Mais lors que l'on l'a fait ro-
tir, & que l'on a dépouillé la Terre
graffe de fon humidité visqueufe,
l'aiman commence à s'y attacher.
Il eft, fi me femble, digne de remarque que les corps les plus com-
pactes, comme l'Or, & l'Argent, in-
terpofés entre le fer & l'Aiman,
n'arreftent pas plus le cours de la matiére Magnetique, que fi rien ne s'y
oppofoit, & que cette Terre graffe
qui envelope noftre mine ait cette
vertu.

On tire cette mine en la caffant a-
vec des coins, comme on fait les
Rochers, on la Voiture à une lieue
en deça dans un fourneau à fondre.
On la coûle fur un lit de Sable fin,
qui luy donne la forme d'une planche de 5, à 6. pieds de long, fur 1. pied,

ou

ou 1 pied & demy de large, & 2. ou
3. doigts d'Epaisseur.

J'ai fait tirer de cette fonte dans
une cuillere, une heure avant
qu'on la coulat en Gueuse, j'en
fit faire un gâteau rond de l'Epaiss
seur d'un pouce. Ayant cassé ce
gâteau à froid, son interieur me
fit voir qu'il y avoit dans cettémi-
ne deux Natures de fer différent.
Un peu moins de la moitié de l'E-
paisseur de ce gâteau, celle qui
touchoit la Terre, estoit une fonte
blanche assez belle; à la Circonfé-
rence, l'épaisseur estoit entierement
d'une fonte encore plus blanche,
& d'un blanc mat approchant de l'argent; le reste de l'Epaisseur estoit un
grain gris de la Nature de celuy qui
donne le veritable Acier. Plus la fonte à de disposition à être Acier, plus
elle est d'un moindre poids que la
partie ferrugineuse; & par conse-
quent lorsque ces deux matieres
sont ensemble en fusion, c'est l'A-
cier

cier qui doit prendre le deſſus, comme on le verra cy aprés par l'exemple des fontes de Fordenberg. De là vient que long tems avant que de coûler cette fonte, on la remüe ſouvent avec des Ringards, pour mesler les deux eſpeces. Il ſeroit peut être mieux de ne les point mesler du tout, & de ne faire coûler que la partie ſuperieure qui contient l'Acier le plus pur. C'eſt aux Entrepreneurs à tenter ces Experiences.

Aprés cette fonte, dont la deſcription n'entre point dans mon plan, on tranſporte ces planches de fonte, où gateaux, dans une autre uſine que l'on appelle Acierie. C'eſt là que l'on doit donner à la fonte ſa premiere qualité d'Acier.

Pour parvenir à cette operation, on caſſe la gueuſe froide où le gâteau, en gros morceaux de 25. à 30. livres peſant. On rougit quelques

uns

uns de ces morceaux, & on les
porte sous le Martinet qui les subdi-
vise en fragments gros comme le
poing. On pose ces derniers morceaux sur le bord d'un Creuset que
lon remplit de charbon de Hestre.
Lorsque le feu est vif, on y jette ces
fragments les uns aprés les autres,
comme si on vouloit les fondre.
C'est icy une des operations les
plus délicates de l'Art. Le degré
du feu est ménagé de façon que
ces morceaux de fonte se tiennent
simplement mols pendant un tems
tres notable; on à soin de les ras-
sembler au milieu du foyer avec des
Ringards, affinque en se touchant,
Ils se soûdent les uns aux autres.
Pendant ce tems la, les matieres é-
trangeres se fondent, on leur pro-
cure de tems en tems l'écoulement
par un trou fait au bas du Creuset.
Ces morceaux réunis, & soudés les
uns aux autres forment ensemble
une masse que l'on appelle Loupe.

D   Le

Le forgeron la souléve de moments
à autres avec son Ringard, pour la
remettre au dessus de la Sphere du
vent, & l'empecher de tomber au
fond du Creuset: en la soulevant
ainsi, Il donne le moien aux charbons de remplir le fond du Creuset & de soutenir la Loupe élevée.
Cette loupe reste 5. a 6. heures
dans le feu, tant à se former, qu'a
se cuire. Quand on la retire du feu
on remarque que c'est une masse
de fer toute boursoufflée, spon-
gieuse, pleine de charbons, & de
matiere vitrifiée. On la porte
toute rouge sous le martinet, par
le moien du quel on la coupe en
quatre parts grosses chacune comme la teste d'un enfant. J'ai fait
casser une de ces loupes a froid,
pour voir son interieur; Il pre-
sentoit des lames asséz larges, &
tres brillantes, comme le meilleur
fer forgé.

On reporte une de ces quatre parts
au

au même feu', on la pose sur les
charbons un peu au deffus de la
Tuyere, on la recouvre d'autres
charbons, on la fait rougir fortement pendant trois quarts d'heure,
on la porte enfuite fous le Martinet, ou on la frape, & on luy
donne une forme quarrée. On la remet encore au feu affujetie dans
une Tenaille, qui fert à la gouverner, & à l'empêcher de prendre
dans le Creufet des places qui ne
luy conviendroient pas. Aprés
une demy-heure, elle eft toute pé-
nétrée de feu, on la pouffe jufqu'au
rouge-blanc, on la retire, on la
roûle dans le fable, on luy donne
quelques coups de marteau a main,
puis on la porte fous le Martinet,
ou on forge toute la partie qui eft
hors de la Tenaille, on luy donne
une forme quarrée de 2. pouces de
diametre, fur 3. ou 4. de long, &
on la reprend par ce bout forgé
avec les mêmes Tenailles pour fai-

D 2   re

re une femblable opération fur la
partie qui eftoit enfermée dans les
Tenailles. Cette Manœuvre fe
réitere 3, ou 4 fois, jufqu'a ce que
le forgeron fente que fon fer fe
forge aifément, fans fe fendre,
ny caffer. Toute cette opération
demande encore une grande adreffe de main, & d'oeïl, pour ména-
ger le fer en le forgeant, & juger
par la couleur du degré de chaleur
qu'il doit avoir pour eftre forgé.
Aprés toutes ces opérations, on le
forge tout de bon fous le Martinet,
Il eft en eftat de n'eftre plus ménagé; on l'allonge en une barre
de 2. pieds & demy, ou 3. pieds,
qu'on coupe encore en deux parties,
& qu'on remet enfemble au même
feu, faifies chacune dans une Tenaille differente, on les pouffe jufqu'au rouge-blanc, & on les allonge encore en barres plus longues,
& plus menües, que l'on jette auffitôt dans l'eau pour les tremper.

Juf-

Jufques la ce n'eſt encore que de l'Acier brut, qui feroit bon à faire des inſtruments groſſiers, comme Beſches, Socs de charüe, Pioches, &c. L'Acier dans cet Eſtat, a le grain un peu gros, il eſt encore meslé de fer, il donne du feu eſtant frapé avec le caillou. On a pu remarquer que l'interieur des loupes, ne préſente qu'une apparence du meilleur fer forgé ; cependant cette derniere opération ſemble reviviffier un Acier qui paroiſſoit être diſparu : c'eſt que les lames ferrugineuſes éſtant briſées, & les grumeaux de ſouphre qui eſtoient cachés entre ces lames eſtant pulveriſés, & bien meslés ; le tout reparoit ſous un oëil d'Acier.

On porte ces barres d'Acier brut dans une autre Uſine, qu'on appe le Affinerie. Quand elles y ſont arrivées on les caſſe en morceaux de la longueur de 5, à 6 pouces. On

D 3   rem-

remplit alors le Creuſet de charbon de Terre Juſqu'un peu au deſſus de la Tuyere, que lon prend
garde de ne pas boucher. On Tap-
pe le charbon pour le preſſer , &
en faire un lit ſolide , ſur le ſquel
on arrange ces derniers morceaux
en forme de grillage, poſés les uns
ſur les autres par leurs extrémités,
ſans que les coſtés ſe touchent, on
en met juſqu'a 4. ou 5. rangs en hauteur qui font une Pyramide tron-
quée. (*Comme on le peut voir dans la*
planche Lettre A) puis on environne
le tout de charbon de Terre pillé &
mouillé, ce qui forme une crouſte,
ou calotte autour de ce petit edif-
fice. Cette croûte dure autant
que l'operation l'exige , parce que
l'on à ſoin de l'entretenir, & de la
renouveller a meſure que le feu la
détruit. Son vſage eſt de raſſem-
bler toute la chaleur au tour de
l'Acier, & de donner un feu de
reverber. Aprés trois quarts heure,
ces

ces morceaux font fuffifament chauf-
fés; on les porte l'un aprés l'autre fous
le Martinet, où on les allonge en lames plattes, que lon trempe auffitôt
qu'elles fortent de deffous le marteau. On obferve cependant d'en
tirer deux plus fortes, & plus épaif-
fes que les autres, à qui l'on donne
une legere courbure, & que lon ne
trempe point. Le grain de ces lames
eft un peu plus fin que celuy de l'A-
cier brut, cependant elles ne rendent
pas tant de feu par la collifion avec le
caillou, on à même de la peine à en
tirer.

Ces lames font encore brifées en
morceaux de toutes longeurs, &
indifferament, fuivant que le hazard
en décide; il n'y à que les deux lames
que lon n'a point trempé qui reftent
entieres. On raffemble tous ces fragments, on les rejoint bout à bout, &
plat contre plat, & on les enchaffe
entre les deux longues lames non
trempées; le tout eft faifi entre des

pin-

pinces. (*Voyéz la planche lettre* B.)
& porté au feu de charbon de Terre
conftruit comme le précédent. On
pouffe cette matiére à un grand feu,
& lors qu'on juge qu'elle y a demeuré
afféz long tems, on la porte fous le
Martinet. On ne luy fait fupporter
dabord que des coups tres legers,que
l'on a fait précéder de quelques coups
de marteau à main , il n'eft encore
queftion que de rapprocher les fragments les uns des autres, & de les
fouder. On reporte cette pince
au feu, on la pouffe encore au rouge-blanc, on la reporte fous le Martinet,on la frape un peu plus fort que
la premiere fois, on allonge le volume des matieres qui faillent hors de
la Pince, & on leur fait prendre par
le bout la figure d'un Prifme quarré,
(*Voyéz la planche lettre* C.) on retire cette maffe des pincés, on la reprend avec une Tenaille par ce Prifme, affin que la partie qui eftoit en-
gagée dans la Pince fouffre à fon tour
le

le même travail. Aprés quoy ; on
fait du tout une longue barre, que
lon replie encore une fois ſur elle
même pour la ſoûder de nouveau ,
& du Priſme quarré qui en provient
on en tire des barres d'un pouce ou
d'un demy pouce, que lon trempe ,
& qui ſont par ce moien converties
en Acier parfait. La perfection de
l'Acier dépend de cette derniere ſo-
pération , elle conſiſte à tenir le fer
dans un feu violent, en l'arroſant
ſouvent, & à propos, d'argile pulve-
riſé, pour empêcher qu'il ne ſe brûle, & le portant ſouvent du feu
ſous le marteau, & du marteau au
feu. *Voyez la planche fig. D.* elle repreſente ce Priſme tiré en barres
pour la derniere fois par le moyen
du martinet.

J'ai décrit cet Art le plus exacte-
ment qu'il m'a été poſſible. Il ne
faut pas cependant s'attendre que
ſur ma deſcription, on put l'imiter.
J'ai été forcé d'obmettre des choſes

D 5 que

que le difcours ne peut exprimer,
lefquelles font pourtant abfolument
effentielles: car outre touts ces procédés, il y a encore des connoiffan-
ces qui ne fe peuvent acquerir que
par l'experience: & d'autres qui dépendent d'une difpofition de corps
naturel, & pour ainfi dire d'un tour
de main.

1. Il faut fçavoir gouverner le
feu, & le conduire avec une telle
adreffe, fur tout pour la formation
des loupes, que l'on les tienne pendant plufieurs heures dans un point
prefque indivifible entre fondre,
& ne pas fondre; car les maffes dont
on forme les loupes, ne font que
des morceaux de fonte qui ont toujours une difpofition très prochaine
à fondre de nouveau. Eftant fur
les lieux, je voulus voir jufqu'où
alloit cette difficulté, & en faire un
éffay en petit. Je livrai un morceau de fonte de 5. à 6. livres à un
Serurier habile, qui demeurant par-
mi

mi les affineurs d'Acier, connoiſſoit leurs procédès, il ne put jamais venir à bout d'imiter ſur une ſi petite portion, ce que les autres operent ſur des maſſes de 60, & 80.

2. La conduite du vent eſt encore l'éffet d'une longue experience, il faut le ſçavoir diſtribuer à propos, le forcer, & le ralentir ſuivant des beſoins qui dépendent de moments & de circonſtances toujours inattendus.

3. Le martinet doit être auſſi conduit avec une grande dexterité, & précaution; car ſouvent on lui preſente le fer dans des états, où il ſeroit promptement mis en pieces, ſi on lui donnoit des coups trop forts.

Le martinet pour affiner l'Acier eſt une fois plus petit que celui qui ſert à forger le fer; mais il eſt auſſi beaucoup plus vif: & quoy que mû par l'eau, quand on le laiſſe agir avec toute ſa force, la main n'eſt

n'est pas capable de donner des
coups plus prompts, & plus ferrés,
on lui donne toute fa force, lorsque l'on allonge, pour la derniere
fois en barres, un morceau d'Acier
parfait. C'est en cette occasion où
l'adresse de l'ouvrier brille le plus,
& fait le plus de plaisir à voir.

Quand on lit l'art de faire des
épingles, on ne comprend pas comment une chose si delicate, qui passe
par tant de mains, & demande un
si grand nombre d'operations differentes, peut être donnée à un si vil
prix. On fera, sans doute, la même
reflexion, lorsqu'on lira la description que je viens de faire de convertir le fer de fonte en Acier.
Mais lorsque l'on a vû par ses yeux,
le secours qu'on tire des instruments, joint à l'adresse, & à l'agilité
des ouvriers, on commence à le
comprendre, sans cesser de l'ad-
mirer.

TRADUCTION

de quelques Chapitres

tirés du Livre de

Mr. SWEDENBORG,

Sur la manière de conver-
tir le fer crud ou de fonte
en Acier,
EN DIVERS LIEUX,

AVERTISSEMENT.

JE n'ai pas prétendu faire une Traduction Litterale & servile des Chapitres entiers de Mr. Svvedenborg, qui traitent de l'art de convertir le fer crû en acier en plusieurs lieux d'Allememagne, de Suede, & ailleurs. J'aurois grossi inutilement ce Volume. Mon dessein n'étant que de donner aux Curieux une Idée des principaux procedés par lesquels on arrive à faire l'acier naturel, ce métail si commun, & si utile à touts les arts ; Je n'ai choisi dans le livre que je traduis que ce qui peut instruire tout le monde, & qui est relatif à mon plan. J'ai passé plusieurs choses indifferentes, & d'autres qui ne sont qu'à l'usage des Ouvriers. Ceux qui voudront connoître cet art dans un plus grand détail, peuvent avoir recours à l'original, qui merite d'avoir place dans les bonnes Bibliotheques.

De

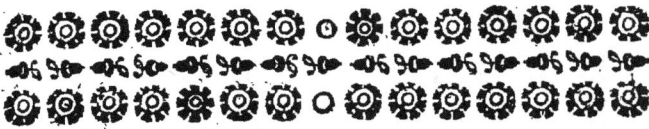

De la manière de conver-tir le Fer crud en Acier en Suede.

PRoche d'un Bourg appellé Hedmore dans la Dalékar-lie province de Suede, on trouve une très belle forge, où on converti le fer crud en Acier. Celui qui eſt le plus propre à cet uſage, eſt tiré d'une mine qui eſt dans le voiſinage. Ce fer eſt d'une excellente qualité pour être converti en Acier, la veine eſt d'une couleur preſque noire, elle n'eſt point compacte, elle eſt formée de grains ferrugineux ; on la réduit aiſément en poudre ſous les doigts, elle eſt fort lourde, & donne un fer très tenace & plein de fibres.

On

On suppose la premiére fonte faite, on se transporte dans un autre usine, pour y recuire cette fonte, que l'on brise auparavant en morceaux. Là se trouve une forge construite à peu près sur le model de celles des ouvriers en fer; mais plus grande; on laisse une place sur cette forge pour y tenir des charbons entassés, afin de s'en servir dans le besoin, & de les trouver sous sa main. Le foyer est un creuset de la largeur de 14. doigts ou environ, sur un peu plus de hauteur, le plus ou le moins de hauteur, n'est pas essentiel. Les parois, & le fond du creuset sont revêtus de lames de fer. A la partie anterieure il y a une ouverture de figure oblongue, par laquelle on retire les Crasses, ou Scories, & pour y introduire des Ringards & pinces de fer. Le Cône ou Tuyere, dans lequel le deux canaux des soufflets

se

fe réuniffent eft de cuivre, il eft
pofé fur une lame de fer ; on lui
donne une petite inclinaifon telle,
qu'elle feroit fuffifante pour faire
couler l'eau fur fon plan, en forte
que la ligne droite que le vent décrit, ne doit point toucher l'extré-
mité de la lame du fond, comme
on fait ailleurs, mais le pied de la
parois oppofée ; car fi ce Cône
étoit plus oblique qu'il ne faut, en
forte qu'une partie du vent fouette
fur le fond du creufet, cela y produit un degré de feu fi violent, que
le fer s'y brûle, d'autant plus aifément que l'on n'a point ici, comme dans les autres occafions, une
abondance de craffes ou fcories
qui mettent le fer à l'abri d'être
brûlé. Depuis la lévre inferieure
du Cône, jufqu'au fond du creufet, il doit y avoir une hauteur de
6. doigts & demi : les dimentions
de ce Cône avec le creufet doivent
être obfervées fcrupuleufement.

E La

La bouche du Cône eſt faite en demi lune , ſuivant l'uſage obſervé
dans toutes les forges, avec cette
différence cependant que dans celle-cy le rayon vertical eſt moins
long que les horiſontaux , & les
deux Tuyaux des ſoufflets qui s'y
raſſemblent ſont un peu plus élevés. Une des choſes eſſentielles
de cet art eſt que le Cône ſoit poſé
ſuivant les régles les plus exactes,
& pareillement les tuyaux des ſoufflets dans le cône : mais il eſt encore plus eſſentiel que le mouvement
des ſoufflets ſoit égale , & faſſe une
juſte diſtribution du vent. Si par
hazard , les ſoufflets , le cône , ou
les tuyaux ſont derangés , la converſion du fer en Acier ne ſe fera jamais bien ; c'eſt pourquoi il eſt
néceſſaire que toutes ces piéces,
& tout ce qui concerne la conduite
du vent ſur le feu , ſoit tellement
arrêſté & ſolide , qu'aucun effort
ne puiſſe les déranger. L'eau qui
fait

fait tourner les Roües qui font joüer
les foufflets doit tomber fur les vannes hautes, & non fur les côtés, ni
fur les vannes baffes, elle en com-
muniquera plus de force aux roües,
& le vent en fera plus fort, & plus
égale. Les lames du fond du creufet bien confervées durent deux
ou trois femaines fans avoir befoin
d'être renouvellées. Le vent pouf-
fant continuellement la plus grande violence du feu fur le mur qui
lui eft oppofé, confume & cave
promptement cette partie, ce qui
fait qu'elle a befoin d'être reparée
plus fouvent que le refte. Ce Travail cy fe fait de jour feulement, &
non point de nuit ; on fait 3. ou 4.
cuittes par jour.

Chaque matin, lorsqu'on commence l'ouvrage, on jette dans le
creufet des fcories, du charbon,
& de la poudre de charbon pêle-
mêle, puis on pofe deffus, la fonte
divifée en morceaux, qu'on recou-

E 2   vre

vre encore de charbons ; il faut tenir ces morceaux dans le feu jufqu'à ce qu'ils deviennent d'un rouge-blanc , qu'on appelle blanc de
lune , mais non pas jufqu'à ce qu'ils
fondent.   Lorsque tous ces fragments font bien pénétrés de feu,
on arrête le vent , & cette maffe de
fer eft portée fous un marteau par
le moyen duquel on la divife en
parties du poids de 3. ou 4. livres
chacune.   Si le fer eft fragile, lorsqu'il eft rouge, ce qu'on appelle en
Suedois Roedbrecht , ou fi il a trop
de foûphres , il fe brife & éclate à
froid comme du verre ; mais au
contraire , fi il eft tenace lorsqu'il
eft rouge, & fragile quand il eft
froid , ce qu'on appelle dans la même langue Kallbrecht, on le tient
plus long-tems fous les coups du
marteau , avant que de le partager.
Si le fer s'en va en gros fragments
fous le marteau , ces morceaux doivent être reportés fur l'enclume,

&

& divifés comme il vient d'être dit. Ainſi préparés, ils ſont reportés à la forge ſur le foyer, & poſés auprès du creuſet, afin d'être toujours ſous l'œil, & ſous la main de l'Ouvrier preſt à les plonger dans le feu, ſuivant que le cas l'exigera. D'abord on en jette quelques-uns que le Forgeron enfonce dans le creuſet & enſevelit ſous les charbons; alors on ralentit un peu le vent, & on attend que ce fer ſoit fondu. Pendant ce tems-là on tâte avec un fer pointu, & on examine ſi le fer ne ſe répend point dans les coins, & hors de la Sphère du vent; ſi on apperçoit que des morceaux s'échappent, on les remets ſous le vent: enfin lorſqu'ils ſont fondus, & qu'ils ſe tiennent en liqueur au fond du creuſet, on augmente la force du vent. On remarque que lorſque le fer eſt bien liquide, il eſt bon à convertir en Acier, & qu'il eſt alors dans un état moien entre le fer & l'acier. On a

E 3 des

des marques pour connoître quand
le fer eſt dans une juſte liquéfaction,
c'eſt en tâtant la fonte avec un fer,
ou lorsque les étincelles des ſcories,
& du fer s'élévent rapidement au
travers des charbons ; où enfin par
la flame , qui au commencement
de l'opération eſt d'un rouge - noir,
& enſuite blanchit peu à peu, ſur-
tout lorsque les ſcories ſont enle-
vées.

Le fer ayant été tenu aſſez long-
tems en fonte , eſt netoyé de ſes
craſſes & de ſon écume , & auſſitôt
la chaleur ſe ralentit, & la maſſe fonduë ſe coàgule ; on joint enſuite les
autres fragments de fer à cette fonte, ils ſe liquéfient de même juſqu'à ce que le creuſet ſoit plein,
ce qui dure 4. heures de tems, pendant lesquelles on jette dans le
creuſet les fragments de fer crud à
4. repriſes differentes. Lorsque cette maſſe a ſuffiſamment ſouffert le
feu, on la laiſſe ſe prendre ou coà-
guler,

guler , puis on en enfonce un fer
pointu pour la foulever ; & lorsqu'elle eft enlevée & retirée du creufet, on la porte fous un marteau,
pour , premierement en diminuer
le volume en la paitriffant , puis
avec un coin de fer , on la partage en 4. parties. On n'a pas
toujours des parties égales & de
même poids , tantôt elles font plus
fortes, & tantôt moindres ; car on
la divife quelque fois en 3. quelque
fois en cinq parties, fuivant que le
tems le permet. Cette maffe d'A-
cier en fortant du feu paroît plus
rouge qu'une maffe de fer chaud au
même dégré, il en fort des étincelles
à la manière ordinaire, pendant que
l'on la frappe , mais elles font plus
fines & ne font pas chaffées fi loin.

Lorfque l'on fond ainfi le fer
pour le convertir en Acier, fi le
vent eft inégal , ou par la mauvaife
pofition du cône, ou pour quelque
autre caufe ; on ne voit point de
fco-

scories s'élever sur la surface de la
fonte, & faute de ce menstruë, le fer
brûle, devient fragile, & perd sa
qualité, les lames du fond ne resistent pas, les scories s'y attachent,
ce qui ne peut causer qu'une perte
notable. Pour réparer promptement ce desordre, il faut jetter sur
la fonte une pellée ou deux de sable
de Riviere.

Les quarte parties coupées comme nous venons de le dire, font
mises de rechef au feu en la manière suivante. Premierement on
en met deux, mais l'une plus près
du vent que l'autre. Lorsque cel-
le-là est suffisamment rouge, on
la porte sur l'enclume & on l'allonge en barre ; alors on met l'autre
sous le vent à la place de celle-cy,
puis on l'étend de même. La même operation s'exerce sur la troisiéme, & la quatriéme ; on leur donne à toutes une forme quarrée d'un
doigt & un quart d'épaisseur & de

4. ou 5. pieds de long. Cet Acier
s'appelle Acier de forge, ou Acier
de fonte.

Il n'eſt pas néceſſaire, dans ces
premieres operations, que l'Acier
ſoit étendu en barres avec beaucoup d'exactitude, car il aura beſoin de l'être encore bien des fois ;
mais il faut le forger à coups plus
preſſés que le fer ordinaire, & le
jetter dans une eau courante, où
on le laiſſe éteindre. Quand il eſt
refroidi, on le caſſe de nouveau en
morceaux.

Cette matière d'acier eſt encore
groſſiere, & d'une qualité mediocre ; pour la pérfectionner on la
tranſporte dans une autre Uſine,
qui ne doit pas être éloignée de la
précédente, pour y paſſer par de
nouvelles épreuves. Là ſe trouve
une forge qui differe de celle qui
eſt décrite cy - deſſus en quelques
circonſtances. Les ſoufflets ſont de
la même grandeur, le cône par ou

le

le vent eſt conduit, eſt ſitué de même, & avec pareille obliquité, il
eſt de la même grandeur & figure,
un orifice égale ; mais il diffère en
ceci, que l'ouverture de cet orifice
eſt un peu plus grande que celle de
l'autre, lequel repreſente un demi
cercle, & celui - ci le ſegement
d'une figure ovale. Depuis le cône,
qu'on appelle forme, juſqu'au fond
du creuſet il n'y a que 2. ou 3. doigts
de profondeur, 10. ou 11. de largeur, & 14. ou 16. de longueur,
dans cette cette ſeconde opération,
on n'eſt point aſtraint à une regle
auſſi exacte que dans la précédente ſur la poſition du cône. Il y a
ici, comme dans les autres, une
ouverture ſur le devant pour tirer
dehors les ſcories & craſſes.

Dans l'opération précédente,
l'Acier eſt, comme il a été dit, recuit groſſiérement, & en ſuite étendu en barres. Pour parvenir à celle - cy on réduit ces barres en morceaux,

ceaux, ces fragments d'acier font rangés dans le foyér fuivant un ordre que l'experience a enfeigné, ils font ftratiffiéz, ou arrangés par lits. On pofe d'abord deux de ces fragments plus longs que les autres, & qui doivent fervir de fupport. On arange fur ces deux fragments de barres, les autres que l'on veut recuire, on en met un rang de 7. ou 8; par deffus ceux-cy, on en pofe d'autres : ils doivent être arangés touts en forme de grillage, parce qu'il eft effentiel qu'ils ne fe touchent point par les côtés. Sur ces morceaux d'Acier ainfi arangés, on jette un panier de charbon choifi, on y met le feu, & on fouffle. Ce grillage étant précifément fous le vent du foufflet, on entend un grand bruit, parce que le vent paffe avec fifflement au travers de ces barres & des charbons. Après une demi heure ou trois quarts heures de feu, ces

mor-

morceaux d'acier étant d'un rouge
blanc, ou de lune , on arrête le
vent , & on les retire l'un après
l'autre ; le premier, en commen-
çant par le rang superieur, est porté
aussitôt sous le marteau , pour y
être forgé, & allongé en barre;
deux Ouvriers assis vis-à-vis l'un
de l'autre, l'enclume entre deux,
& tenant ce fragment chacun par
un bout, le font passer & repasser
sous le marteau suivant toute son
étendüe , abandonnant l'un après
l'autre le bout qu'ils tiennent pour
le faire passer par la même épreuve.
Ils convertissent ainsi ces fragments
en lames. Cette opération se fait
sur tous les fragments l'un après
l'autre ; & à mesure que l'on les
expedie, on les jette dans une eau
courante & froide. Les deux grands
fragments qui soutenoient les autres n'y sont point jettés, ils sont
reservés pour l'usage suivant : On
reprend toutes ces lames, on les
cassé

caffe encore, on les raffemble, &
on les enchaffe entre les deux grandes lames qui n'ont point été trempées : tout cela réuni, & retenu
fortement dans des pinces, eſt de
nouveau remis au feu, on l'y laiſſe
juſqu'à ce qu'il ſoit devenu d'un
rouge-blanc. La raiſon principale
de cet aſſemblage eſt afin que tout
cet Acier, de quelque nature qu'il
ſoit, ne faſſe qu'un corps, & que
s'il y avoit, comme il arrive toujours, quelque morceaux qui n'eut
pas reçu la qualité d'Acier requiſe,
il ſoit bien mêlé avec celui qui eſt
Acier parfait ; & par ce moyen l'a-
cier acquiert une qualité tendineu-
ſe qui eſt eſſentielle dans bien des
ouvrages. Cette maſſe de lames
raſſemblées étant parvenuë au rouge-blanc eſt roulée dans toute ſa
longueur ſur de l'argile ſec & pul-
veriſé, par le moyen duquel elle
ſe ſoude mieux, puis eſt remiſe au
feu, où elle laiſſe tomber une partie

tie de ses scories: ensuite on la retire, & on la frappe avec un marteau de main, pour obliger touts
les fragments de se bien souder.
On la remet encore au feu, sur
lequel on jette de nouvelle poudre
d'argille, & des scories. Enfin après
avoir souffert quelque tems ce dernier feu, on la retire, on la porte
sous le martinet, où on l'étend en
barres quarées, que l'on expose à
l'air pour se réfroidir. Le bout
par lequel l'Ouvrier la tenoit dans
ses pinces, pendant qu'il la faisoit
allonger n'ayant pas pû reçevoir la
même façon, est remis au feu, &
étendu comme le précédent, ce
qui fait que le milieu est plus épais
que les extrêmités. La longueur
de ces bares d'acier a coûtume d'ê-
tre de 9. à 10. pieds, on les assemble en paquets. Cette espece d'a-
cier est de la même qualité, si elle
n'est meilleure, que celui de Carinthie & de Stirie.

Obser-

Observations au sujet de la Conversion du fer crud en Acier.

IL y a plusieurs choses à remarquer que je n'ai pu commodément mettre dans la description cy - dessus , & que j'adjouterai ici.

1. Le meilleur Acier se fait immédiatement de fer crud, c'est dans le feu qu'il prend sa veritable qualité d'acier , c'est de celui - là que l'on fait les épées , les ressorts, &c. celui que l'on fait avec le fer forgé ne passe pas pour être d'aussi bonne qualité , il perd sa nature d'acier , si on le remet souvent au feu ; il semble désirer de redevenir fer , & ne chercher qu'à se débarasser des particules salines & sulphureuses que l'on a introduit dans ses pores : mais l'acier fait de fer crud ne redevient

devient fer qu'avec beaucoup de peine & d'industrie.

2. Le fer dur & ferme est choisi comme le meilleur pour donner un Acier tenace, & d'une bonne qualité : mais celui qui a de la moles se y paroit moins propre ; car l'Acier que l'on fait avec ce dernier participe de sa nature, il est plus doux qu'il ne faut, & n'est point propre pour les instruments qui demandent beaucoup de dureté. Si le fer crud est si dur qu'il ait de la peine à être brisé, même étant rouge, il est plus utile pour donner un acier propre aux instruments mais si l'acier est fait d'un fer crud qui soit mou & tenace, comme celui de Danmorien, il est plus pliant, & plus propre à faire des épées & des ressorts, surtout si il est préparé dans les regles. L'Acier fait de fer crud, trop dur, & qui est brulé est appellé fragile & enervé, il n'est point capable de résister

aux

aux efforts. Il en eſt autrement, ſi le fer eſt duriuſcule, mais tenace. Afin donc d'avoir un acier d'une bonne qualité, il faut choiſir un fer qui ſoit aiſé à fondre, car ce genre de fer eſt plus aiſément penetré par le feu. Celui qui a cette qualité eſt d'une couleur griſe, & exige, lorsque l'on le veut fondre, moins de veine, que de charbon. Le fer qui eſt fragile lorsqu'il eſt rouge, & que l'on appelle en Suedois Roedbrecht, & qui eſt abondant en ſoulphres; comme auſſi le fer qui eſt tenace lorsqu'il eſt rouge, mais fragile lorsqu'il eſt refroidi, doivent être évités l'un & l'autre; car ces deux eſpeces ne ſe convertiſſent que très difficilement en Acier, & quelque effort que l'on faſſe pour faire cette converſion, on n'en obtient qu'un fer dur, brûlé & gâté: c'eſt la raiſon pourquoi en pluſieurs endroits d'Allemagne, on diſtingue ces differents fers, en

F　　diſant

difant veines d'acier & veines de
fer. Si le fer contient un foulphre
doux, il eft regardé comme ex-
céllent pour la converfion en acier,
& il donne à ce métail toute la té-
nacité que l'on peut défirer ; mais
mais auffi, à caufe de fon foulphre
il a befoin d'être plus frappé & plus
fouvent reporté fous le marteau,
c'eft par cette percuffion réitérée
qu'il acquiére fa moleffe : mais celui qui eft fragile, lorfqu'il eft refroidi doit être abfolument rejet-
té. Si cependant on n'avoit point
d'autre veine de fer meilleure, &
qui put donner un fer dur & tenace, on pourroit y mêler quelque
partie de veine foulphreufe, mais
en ce cas il faut y aller avec pruden-
ce, fi on veut avoir par ce mélange un acier d'une bonne qualité.

3. Lorfque le fer, que l'on veut
convertir en acier, eft fuffifamment
fondu, on le répand fur un lit for-
mé de fable de Rivière : on dit que
cela

cela contribue à améliorer la qualité de l'Acier, qu'il en est mieux purifié des parties ferrugineuses qui pouvoient lui rester, & que la conversion s'en fait plus aisément. Il ne faut pas que ce lit soit fait, ny mêlé de scories pulverisées, ni d'un sable trop gros, mais de sable de riviere le plus fin & le plus pur. Il convient encore que le fer crud, que l'on veut fondre, ne soit point en trop gros morceaux; les petits morceaux rendent la liquéfaction plus aisée, & épargne le charbon.

4. Le premier genre d'Acier, c'est-à-dire, celui qui n'a reçu encore qu'une première façon, s'appelle Acier de fonte: il est propre pour les instruments du labourage. Il peut aussi faire du feu étant frappé avec la pierre à fusil; mais il n'est pas encore bon pour les épées, les ressorts, les rouleaux &c. car on le tient pour être dur & fragile.

F 2 5. La

5. La masse d'Acier qui est fondüe pour la première fois, étant retirée du feu, est roulée aussitôt sur de l'argile pulvérisé, avant que d'être portée sous le marteau.

6. Pour la conversion du fer trud en Acier, il faut se servir de charbons de Hestres & de Chênes; on peut se servir aussi avec avantage de ceux du Pin & du Boulleau. Les charbons reçents & secs sont les meilleurs, ceux qui sont vieux & humides ne font aucun profit. Le charbon doit donc être très sec, c'est pourquoi il le faut tenir continuellement enfermé : il faut observer de ne point mêler des charbons moûs & foibles avec des charbons durs, comme sont ceux du Boulleau, il faut prendre garde encore qu'ils ne soient point mêlés de terre, ni de pierres. Une mesure de charbon de Boulleau fait plus de profit qu'une mesure & demi, & même deux mesures de charbon

de

de Pin ou de Sapin. Pour la seconde cuitte de l'Acier, & pour
l'étendre sous le marteau, il faut
se servir du meilleur charbon, sça-
voir, de celui de Boulleau, de Hê-
tre, ou de Chêne ; la Ouille, ou le
charbon de terre, est aussi d'un assez
bon usage, par son moyen on forge bien, & on paitrit bien le fer.

7. Les soufflets seront d'une mediocre grandeur ; plus la matiére
dont ils seront faits sera compacte
& ferme, meilleurs ils seront. Pour
procurer l'élevation de leurs feuilles, il faut 3. leviers, & non pas
deux comme dans les forges ordi-
naires, car on a besoin ici d'un
vent très violent. Quelques-
uns estiment mieux les soufflets
faits d'un double cuire, que de
toute autre matiére. Les bouts
des tuyaux doivent aussi être plus
longs & élevés dans le cône, & les
feuilles des soufflets doivent être
muës par des dents courbées, com-

F 3   me

me cela se pratique en Stirie & en
Carinthie, c'est ce qui rend les
mouvements des Soufflets plus
prompts : plus ces mouvements
sont précipités, plus le feu est fort,
& vif, & plus propre aussi à la conversion du fer en acier. Mais lorsqu'il s'agit de chauffer l'acier pour
l'étendre en barres, les soufflets n'ont
pas besoin d'être agités si promptement, on ne se sert alors que de
deux rangs de dents.

8. Quand à ce qui regarde la
diminution du fer. Avant que d'ê-
tre converti en acier, il a déja per-
du presque la moitié de son poids;
car de 26. livres de fer crud, on
n'en retire que 13. en acier. Un
habile Ouvrier en peut tirer jusqu'à
14. livres. La perte qu'il souffre
dans le premier feu est de 24. livres
sur 60. ou 64. dans le second 8. livres. Ou ce qui revient au même,
si il se perd un tiers dans le premier

mier feu ; il se perd encore un tiers de ce tiers dans le second.

9. Lorsque l'Acier est dans le second feu, on jette dessus beaucoup de scories, & on les retire quand on le juge à propos. Il faut cependant observer de n'en pas laisser si peu, que le fer en soit presque nettoyé ; car en ce cas l'acier seroit trop bruslé & trop sec, & par conséquent d'une mauvaise qualité.

10. Un des points essentiel de l'art transmutatoire du fer en acier est de chauffer le fer, & de le tenir en fonte un tems suffisant ; s'il étoit trop chauffé il se bruleroit : on dit qu'on peut s'appércevoir lorsqu'il brûle, parce qu'il rend alors une odeur désagréable ; mais aussi s'il n'a pas été assez pénétré par le feu, il ne deviendra jamais acier. Afin donc de pouvoir parvenir au juste tempérament que cette opération exige, il ne faut charger le creuset que de 3. ou 4. grandes livres de

Suede,

Suede, c'est-à-dire 75 ou 80 pesant,
car une petite quantité de fer se liquéfie plus aisement qu'une grande, &
est bien plus facilement penetrée par
le feu qu'une masse qui seroit de 8
ou 9 grandes livres. Quelques-
uns font de grosses masses pour
avancer l'ouvrage plus promptement; mais l'acier qui en provient
n'est jamais exempt de fer. En
Stirie, on ne travaille que sur de petites masses; c'est ce qui fait qu'ils
ont de si excellent acier.

La profondeur de ce creuset depuis l'orifice du vent jusqu'au fond
doit être de 6 pouces, sa largeur
de 12, l'orifice du vent très étroit,
d'un pouce de large au plus, afin
que le vent soit plus fort & plus pé-
nétrant; le canal du vent plus long
au dessus qu'au dessous, c'est-à-dire
taillé en bec de flute, afin que le
souffle soit dirigé sur le fond du
creuset, c'est pour cela que l'on lui
donne une position oblique. La
partie

partie antérieure du cône ne doit
pas être élevée au-deſſus du fond,
plus de 5. pouces; ſi le fer crud ne
ſe fond pas facilement; mais ſi c'eſt
un fer plus fluide, le creuſet doit
être plus profond, comme 7. pouces, ou 7. pouces & demi, & le
cône ne ſera pas ſi oblique. Le cône doit entrer dans le foyer de la
longueur de 2. pouces; le creuſet
doit être élevé pour reçevoir la plus
grande chaleur convenable à cette
converſion; le mur ſur lequel eſt
poſé le cône, doit être oblique ſur
le devant, ainſi que les lames, qui
forment le fond du creuſet. Il faut
prendre garde que le tout ne de-
vienne trop chaud, & que l'ouverture par où l'on doit tirer les ſcories ne ſe bouche point. Si les lames du fond ne ſont pas ſuffiſantes
pour réſiſter à la chaleur on peut
leur ſubſtituer des pierres, mais ces
pierres exigent un choix.

Lorſque le fer eſt bien en fonte,

il

il faut continuer de souffler jusqu'à
ce que toutes les scories soient en-
levées, en sorte qu'il n'y ait aucune
partie de fer qui ne soit convertie
en acier, & qu'il ne reste aucuns
fibres au fer. Si le fer ne se fond
pas bien de lui même, il faut jetter dessus du sable fin de Rivière
qui soit sec & pur, ou de la cendre
de Boulleau : cela produit une liquéfaction chaude & fluide ; la
poudre de scories ne doit point y
être substituée. Aussitôt que les
scories s'amassent sur la surface de
la matière fondue, il faut les retirer, car elles empecheroient la conversion : mais si on s'apperçoit que
la matière ne se liquéfie point assez,
on peut jetter dessus un peu de
scories, mais avec épargne & pru-
dence. Pour obtenir un Acier pur
exempt de parties ferrugineuses, il
faut fondre l'acier 3 fois, & sur la
fin de la troisiéme fonte, il faut jetter dessus une petite partie de fer
crud

crud brisé, mêlé avec du charbon, que la quantité du charbon excède celle du fer ; cela excitera toute la partie ferrugineuse à se convertir en acier, & qu'il ne soit plus fond.) Si l'on a besoin du plus ex-cellent acier pour certains instru-ments, il faut joindre, & souder ensemble des barres d'acier, en les repliant huit fois l'une sur l'autre, les forger 2. ou 3. fois, avec la précaution de les rouler sur du sable pulverisé, de peur qu'elles ne se brûlent. Lorsque l'on étend l'acier, il diminue de 3 livre communes sur une grande livre de Suede, c'est-à-dire de 3. sur 20. ou 25. Lorsque l'on le forge de nouveau, il en perd le double. Si on veut de l'acier qui fasse bien du feu avec le caillou, il ne faut pas qu'il ait été si souvent étendu sous le marteau.

Pour fabriquer un Cent pesant d'acier, ou selon la façon de com-pter en Suede 8. grandes livres, on on confomme trente tonnes de charbon.

12. Il y a plufieurs marques pour éprouver fi l'acier eft d'une bonne qualité. 1. S'il fe foude bien. 2. S'il s'étend fous le marteau comme le meilleur fer forgé. 3. Si lorſ-qu'on le forge, il ne fe crêve point. Ces trois fignes raſſemblés font les preuves d'un excellent acier.

L'Acier qui fait voir de gros grains & qui cependant eft exempt de parties ferrugineufes & de ſco-ries, eft très dur. Cela provient de ce qu'il a été médiocrement chauffé.

C'eft encore un figne d'un très bon acier, fi en le mettant fouvent au feu, il ne fe ramolit point ; & de même, fi il eft dur, ferme, & nerveux.

Lorfque l'on romp l'acier de bonne qualité il rend un fon fin-gulier, qui n'eft connu que de ceux qui en ont l'ufage.

C'eft encore un figne de bonne acier,

acier, lorsque par la collision avec la pierre à fusil, il jette beaucoup de feu.

Pour éprouver l'acier, il en faut faire faire des ressorts tels que ceux des armes à feu; s'il y réussit, il sera propre pours les ressorts de Carosse, les épées, les fleurets, & pour faire du fil d'acier.

Si, avec un ciseau d'acier, on peut tailler 6. ou 7. limes de suite, sans être obligé de le rafuter, c'est une preuve du meilleur genre d'acier, & qui peut servir à touts les instruments.

Ma-

Manière de faire l'Acier en quelques autres endroit de la Suede.

LA Manufacture d'Acier que l'on voit à Quuambaka est établie depuis le tems de Gustave Adolphe Roy de Suede. Il y a deux four-neaux construits pour cela, le four-nau est de telle grandeur, qu'un homme peut tenir dedans de tou-te sa hauteur, le fond & les muraille ne sont point revêtus comme ail-leurs de lames de fer, mais d'une pierre qui approche du Talc, que les Suedois appellent Stellsteen; les soufflets sont de la même grandeur que dans les forges de fer; il y a deux marteaux, dont chacun du poid de ..... on jette chaque fois dans le feu 10. grandes livres de fer, mesure de Suede, le fer se cuit très bien, & de la même façon

que

que dans les forges ; mais il en faut
retirer très souvent les scories, afin
que cette masse fonde seche. Lorsque le fer est bien en fonte, on jette souvent dessus des cendres mêlées de vitriol & d'alun ; ils estiment que cette mixtion leur pro-
cure un meilleur Acier. Ici les
Ouvriers ne s'embarassent pas de
fondre peu ou beaucoup de fer à
la fois. Lorsque le fer est fondu en
masse, il est porté & divisé sous
un marteau, & les fragments sont
allongés en barres. Ces barres par-
tagées encore en de moindres parties sont posées en croix les unes
au-dessus des autres ou en façon
de grillage, on les chauffe & on les
étend de nouveau en barres. Ce
qui se réitere jusqu'à ce qu'on ait
un acier de bonne qualité.

Le genre d'acier grossier que l'on
appelle en Suedois Fatstauhl, ou
acier en barils, parce que l'on a
coutume de l'envoyer dans des barils,

rils, est fait avec celui dont nous
venons de parler cy-dessus, on se
contente apres son premier recuit
de l'étendre en barres, & de le
tremper.

Un meilleur genre d'acier qui est
appellé Klingstauhl, ou Acier pour
les épées est façonné 4. fois c'est
à dire mis 4. fois en lames, aprés
avoir été autant de fois mis en forme de grillage dans le feu, & reporté autant de fois sous le marteau.

Le meilleur genre d'acier qu'on
appelle Fœderstauhl, ou acier pour
les ressorts, est façonné 8. fois, &
trempé autant de fois.

Il faut mettre des marques à l'a-
cier toutes les fois qu'il passe par le
feu, afin de connoître de quel genre il est. Outre cela les habiles
Ouvriers connoissent aux grains
que l'on voit sur les fractures, la
qualité de l'acier ; car si on y apperçoit des stries ou des taches ob-
scures,

feures, c'est une marque qu'il n'est pas assez recuit, ni assez forgé, ou mêlé. Il est excellent, s'il est blanc comme de l'argent.

Chaque semaine on peut faire 14. Cent pesant d'acier en baril, 12. Cent d'acier pour les épées, & 8. Cent pour les ressorts. Le Cent pesant est ici de 8. grandes livres de Suede, ou 160. petites livres du même pays.

Pour faire un cent pesant du du meilleur acier, de celui pour les ressorts, il faut 13. grandes livres & demi de fer crud & 26. tonnes de charbon.

Pour faire un cent pesant d'acier moien pour les épées, il faut 10. grandes livres de fer crud, & 24. Tonnes de charbon.

Et pour faire de l'acier en baril, la même quantité de fer crud, & 9. tonnes de charbon.

Manière ufitée en Suede parmi les Ouvriers en fer forgé, pour avoir de l'acier en faifant leur fer.

JE viens de décrire la manière uſitée en Suede, pour faire l'acier dans les manufactures deſtinées à cela ſeul. Il eſt à propos d'en rapporter une autre, par laquelle on tire pareillement de l'acier immédiatement des fontes, & du fer crud.

Lorſque la mine de fer eſt miſe pour la première fois en fuſion dans les fourneaux à fondre & deſtinés au fer forgé, on voit quelquefois nager deſſus la liqueur, lorſqu'elle eſt bien fluide, de petites maſſes ou morceaux d'acier, qui ne vont point dans les angles du foyer, ni ne ſe précipitent point au fond, mais nagent ſur le milieu de la ſur-

face.

face. La fuperficie extérieure de ces morceaux, eft d'une figure inégale & informe, & la partie inférieure qui trempe dans le fluide eft d'une forme ronde. Ces pieces flotantes fe diftinguent du refte du fer par la couleur : elles font du véritable acier, qui nage fur le fer fluide, & ne s'y foude pas aifément, à moins que la force du vent ne l'y contraigne. Lorfqu'on le met immédiatement dans la Sphère du vent, il fe confond avec le fer; mais s'il en eft éloigné, il s'en tient féparé & bien diftingué. Ces morceaux donnent depuis 6. jufqu'à 10. & 15. livres d'acier. Les Ouvriers affurent que cet acier eft d'une très bonne qualité, & très propre pour les inftruments qui doivent être durs & tranchants ou acérés. Que l'on laiffe cet acier confondu dans la fonte fur laquelle il nage, ou qu'on l'en retire, le Fer forgé ni gagne ni perd

On

On dit que l'on peut tirer de l'a-
cier de toutes sortes de fer; mais
que certains genres de fer en four-
nissent plus que d'autres, & que la
qualité de l'acier est differente dans
les differents fers.

Manière de faire l'Acier avec une veine de fer de Marais dans la Dalékarlie.

LOrsque le fer tiré de ces marais
est façonné, il ressemble à l'a-
cier. Les Dalékarliens disent que
l'on fait un fort bon acier de ce fer,
mais qu'il a ce déffaut de s'amolir
& devenir fer, si on le remet plusieurs fois au feu: c'est pourquoy les
Dalékarliens le transportent par la
Suéde, pour en faire des Faux, des
Haches, & semblables especes d'ou-
tils.

Si on s'en rapporte à leur recit,

Ce

Ce fer ayant été tiré d'une mine
marécageuse se convertit en acier
de la manière suivante. On tient ce
fer au-dessus d'une flame vive jusqu'à ce qu'il fonde, & qu'il coule
au fond du creuset. Quand il est
bien liquide, on redouble le feu,
on retire ensuite les charbons, &
on le laisse refroidir.

Mais la vraye manière de convertir ce fer en acier est telle. La
masse qui a été tirée des forges dont
nous venons de parler, est brisée
en petits morceaux, on ne choisit
que ceux de la circonference, ceux
du centre sont rejettés, comme
donnant un fer trop tenace. Les
morceaux choisis sont remis plusieurs fois au feu. On commence
par un feu qui ne soit pas de fonte,
ce qui empêcheroit, à ce qu'ils disent, la conversion du fer en acier.
Si cependant cela arrivoit, ils ar-
rêtent le vent, afin que la fonte
s'épaississe, & aussi-tôt par le secours

G 3   des

des scories qu'on jette dessus, on
le remet en fonte, & on a la facilité de séparer l'Acier, du fer. Mais si
le fer ne peut se fondre & qu'il reste
gras & épais, on le retourne afin
qu'il reçoive la chaleur de touts côtés. Ce qui rétablit l'opération.

Manière de convertir le fer crud en acier dans le Dauphiné.

DAns le Dauphiné auprès de la
ville de d'Allevard & de la
montagne de Vanche, il y a plusieurs
mines dont on tire beaucoup de
fer. Le fer crud qui en sort est porté dans un feu, qui est appellé l'Affinerie. Le vent qui sort des soufflets est dirigé sur la masse du fer,
& par ce moyen la veine se fond
peu à peu. Le foyer ou creuset est
environné de lames de fer, il est

plus

plus profond que les autres. On n'agite point ici la fonte comme on fait ailleurs : Mais on la laiſſe tranquille juſqu'à ce que le creuſet ſoit plein. Ce qui étant, on arrête le vent, & on débouche le trou pour faire couler la fonte qui tombe dans les moules qui la mettent en petites maſſes. On enléve la ſurface de ces maſſes, qui eſt une croûte compoſée de ſcories, qui couvre & cache le fer, puis on les porte ſous le marteau, & on les tire en barres: on porte ces barres dans un feu voiſin, qu'on appelle Chauferie. Il n'eſt pas beſoin là d'un ſi grand feu que dans l'autre, on pouſſe ces barres juſqu'au blanc, puis on les roule dans le ſable pour tempérer la chaleur, & enfin on les forge, & on les trempe pour les durcir, & les convertir en acier. Il faut obſerver que dans cette manufacture, on trempe l'acier après l'avoir pouſſé au rouge blanc.

Ma-

Manière de convertir le fer crud en Acier dans les forges de Saltzbourg.

ON choisit pour cela les meilleures veines qui sont de couleur brune & jaune. D'abord on les calcine, ensuite on les fond, & on en fait des masses qui pésent jusqu'à 400. le fourneau pour l'Acier est semblable à ceux de Saxe pour la fonte de fer; il différe seulement en ceci que le pône par où le vent est introduit dans le fouy est ici un peu plus oblique. Chaque masse est fonduë séparément, la liqueur qu'elle forme, lorsqu'elle est en fusion, n'est point limpide mais un peu épaisse. Dans la première fonte on la tient en liqueur pendant 12. heures. Pendant ce tems-là, on retire les crasses par une ouverture faite sur le devant,

vant, comme dans les forges de
fer. On remuë, & on agite de
tems en tems la fonte ; quand
cela eſt fini, on retire la maſſe du
feu, on la coupe en morceaux par
le moyen du marteau, & chaque
morceau eſt plongé dans l'eau. On
les remet de nouveau dans le même feu, ou on les laiſſe encore
pendant ſix heures ſouffrir la plus
grande chaleur, ayant ſoin de re-
retirer les ſcories, puis on les re-
fend, & on les trempe. Par ces
opérations & ces trempes réiterées,
d'acier acquiére une très grande
dureté, cependant il n'a pas encore
cette fois-cy acquis ſa meilleure
qualité d'acier, c'eſt pourquoi on
répéte une troiſiéme fois ces opérations, & on le remet encore au
feu pendant ſix heures, puis en
barres que l'on trempe. Ces barres plus épaiſſes que les précédentes
ſont miſes en morceaux, & forgées
en petites barres quarrées d'un demi

G 5 doigt

doigt d'épais. A chaque fois que
l'on les trempe, on a soin qu'elles
soient chaudes jusqu'au blanc, &
afin que l'eau soit plus froide, on
y jette du sel marin. Cet acier est
infiniment estimé. On assemble les
barres que l'on lie ensemble, jusqu'au poids de 25. livres. Cet acier
s'appelle Bisson.

De 400. pesant de fer crud, on
tire environ 200. & demi d'acier;
le reste s'en va en scories, crasses,
& fumées. On y employe moitié
de charbons durs & moitié de charbons moûs. On en consomme à
chaque recuite six sacs. Trois hommes peuvent faire 15. à 16. Cent
pesant de cet acier en une semaine.
La plus grande partie de l'acier qui
passe pour Acier de Stirie, est fait
aussi en Carinthie suivant cette méthode.

Me-

Manière de convertir le fer crud en acier, en Carinthie Tirol & Stirie.

DAns la Carinthie, la Stirie & le Tirol, il y a plusieurs forges de fer, & d'acier. Quand à ce qui regarde les fourneaux pour l'acier, il faut observer qu'ils sont construits comme en Saxe. Le cône ou la Tuyere par où le vent passe, entre assez avant, & obliquement dans le creuset. A chaque fonte on fond 400 & demi pesant, que l'on tient dans une fonte continuelle pendant trois ou quatre heures. Pendant ce tems-là on agite continuellement la fonte avec des Ringards, & à chaque renouvellement de matière, on jette dessus de la pierre à fusil calcinée & pulverisée. Cette poudre a, dit-on, cette propriété que par son secours on en détache plus aise-

aisément les scories. Lorsque la
matière a été en fusion pendant
trois ou quatre heures , on retire
les scories , & les crasses par une
ouverture qu'on a laissé sur le devant
à ce dessein ; on en laisse cependant
une partie , qui , suivant les obser-
vations que l'on a fait , n'est autre
chose qu'une matière ferrugineuse
qui ne peut pas se convertir en acier.
On enléve cette matière , qui est
comme en lame , & on la forge en
barres , c'est du fer forgé. Ensuite
on retire l'acier du feu , on le porte
sous le marteau , on le partage en
quatre parts dont chacune est jettée dans l'eau froide , & ensuite
fondüe de nouveau. La ma-
niere de fondre ces parties coupées est la même que celle qui a
été décrite cy - dessus. Ces operations se repétent trois ou quatre
fois , suivant la qualité de l'acier,
& qu'il est plus difficile à traiter.
Enfin lorsque l'on est assuré que le
fer

fer est converti en acier pur & de
bonne condition, on l'étend sous
le marteau en barres de la longueur
de trois pieds, & à chaque fois on
le trempe dans une eau où on a fait
dissoudre de l'argil, puis on le met
dans des tonneaux qui contiennent
200. & demi pesant.

De 400. & demi on retire un
demi cent de pur Fer, le reste est
en Acier : Ou plûtôt d'un millier
pesant, il y en a trois cens que l'on
retire en pur fer & en scories.

Pendant une semaine 3. hommes
peuvent faire un millier pesant d'a-
cier. Cet Acier est beaucoup meilleur si on se sert de charbons mous
& durs mêlés également : & si on se
trouve dans la nécessité de choisir
de l'un ou de l'autre, il faut préfé-
rer les durs. Le marteau est du
poids de 200. la partie ferrugineuse
que l'on retire de dessus l'acier pendant qu'il est en fonte, se recuit
une seconde fois, & se forge ensuite.

Les

Les soufflets sont de cuir; on croit que ceux de bois ne sont pas si bons. Le meilleur genre d'Acier vient de Carinthie; il y en a plusieurs manufactures.

Autour de Weith on en fait tous les ans 6000. Puschen. Mais celui-cy n'est pas si estimé; on croit que cela vient de l'eau dans laquelle on le trempe; car la méthode est la même qu'en Carinthie; la mixtion est aussi la même, on y pulvérise des cailloux de Riviere que l'on répend sur la fonte. Lorsqu'il est étendu en barres, il montre la couleur d'acier le plus parfait & les plus beaux grains.

On se sert d'une méthode presque approchante de celle qui vient d'être décrite dans les Provinces de Champagne, Nivervois, Franche-Compté, Dauphiné, Limousin, Perigord, & même Normandie.

Conversion immédiate du fer crud en Acier à Fordenberg & en quelqu'autres lieux.

LA méthode dont on se sert à Fordenberg diffère des précédentes, en ce que la veine de Fer est convertie immédiatement en Acier, quoi qu'il reste une partie de pur Fer mêlée avec une partie d'Acier. Cette conversion immédiate se fait à Fordenberg en Stirie & en quelques lieux, comme dans le Roussillon, & le païs de Foix. On fond la mine de Fer dans un Fourneau, & on lui laisse prendre la forme du creuset, ce qui lui donne celle d'un pain rond par dessous & plat par dessus, que l'on appelle un masset. Cette masse retirée du Feu, est coupée en cinq ou six parties, dont chacune est remise une seconde

de

de fois au Feu, puis allongée en barres.   Un côté de ces barres est souvent pur Fer, & l'autre Acier; quelque fois il n'y en a qu'un quart, un
cinquiéme, qui soit changé en acier,
le reste est pur Fer.   C'est la cause
pour laquelle quelqu'uns croyent
qu'il y a des veines de Fer plus propres que d'autres a été converties
en Acier,

Des

❦❧❦❧ ❦❧❦❧ ❦❧❦❧ ❦❧❦❧ ❦❧❦❧ ❦❧❦❧ ❦❧

Des differentes Nuances de Couleurs que prend l'Acier au Feu.

Il n'y a personne qui ignore que l'Acier prend des couleurs différentes, suivant que l'on le chauffe plus ou moins sur un feu doux. Mais la suite de ces différentes couleurs est un objet de curiosité, tant pour ceux qui en voudront faire usage, que pour ceux qui aiment à connoître les effets naturels. Les voicy tels que Mr. Suvedenborg nous les donne.

Si on met une lame d'acier bien polie sur les charbons, & que l'on la chauffe par degrés. 1. La blancheur de l'Acier augmente. 2. Elle se change en jaune leger comme un nuage. 3. Ce jaune augmente jusqu'à la couleur d'or. 4. La couleur d'or disparoit peu à peu, & le

pour-

pourpre prend la place. 5. Le
pourpre se cache comme d'un nuage, & se change en violet. 6. La
couleur violette se change en un
bleu élevé. 7. Le bleu se dissipe
& s'éclaircit. 8. A toutes ces couleurs succede celle que l'on appelle
couleur d'eau.

Pour que ces couleurs paroissent
vives & belles, il faut que l'acier
soit très poli, & graissé d'huile ou
de suif.

Ces couleurs se conservent toujours & ne peuvent être emportées
que par la lime ou des frottements
équivalents, ou par un feu plus
fort. Elles garantissent le fer de la
Roüille, *ou pour mieux dire elles*
le rendent moins susceptible de la
Roüille.

La raison physique de ces effets est
très connue, elle vient des Soulphres
du fer qui sont brûlés à la surface.
Suivant qu'ils sont brûlés en moin-
dre ou plus grande quantité, ou sui-
vant

vant qu'ils font plus fortement brûlés, la couleur change. Une legere
Aduftion produit des couleurs douces
qui s'elévent à proportion que le feu
augmente, & s'évanouiffent lorsque
le feu a confommé toute la matière
qui les produifoit.

Ce font ces Soulphres brûlés qui
rendent le fer moins fufceptible de
Roüille. La Roüille n'eft autre chofe
que les Soulphres & les Sels fondus
par l'eau, ou l'humidité de l'air.
Lorsque ces matières font brûlées,
elles ne peuvent plus être fondües,
elles bouchent les pores de la furface
du fer, & empêchent l'eau de péné-
trer, pour aller fondre ceux de l'interieur.

F I N

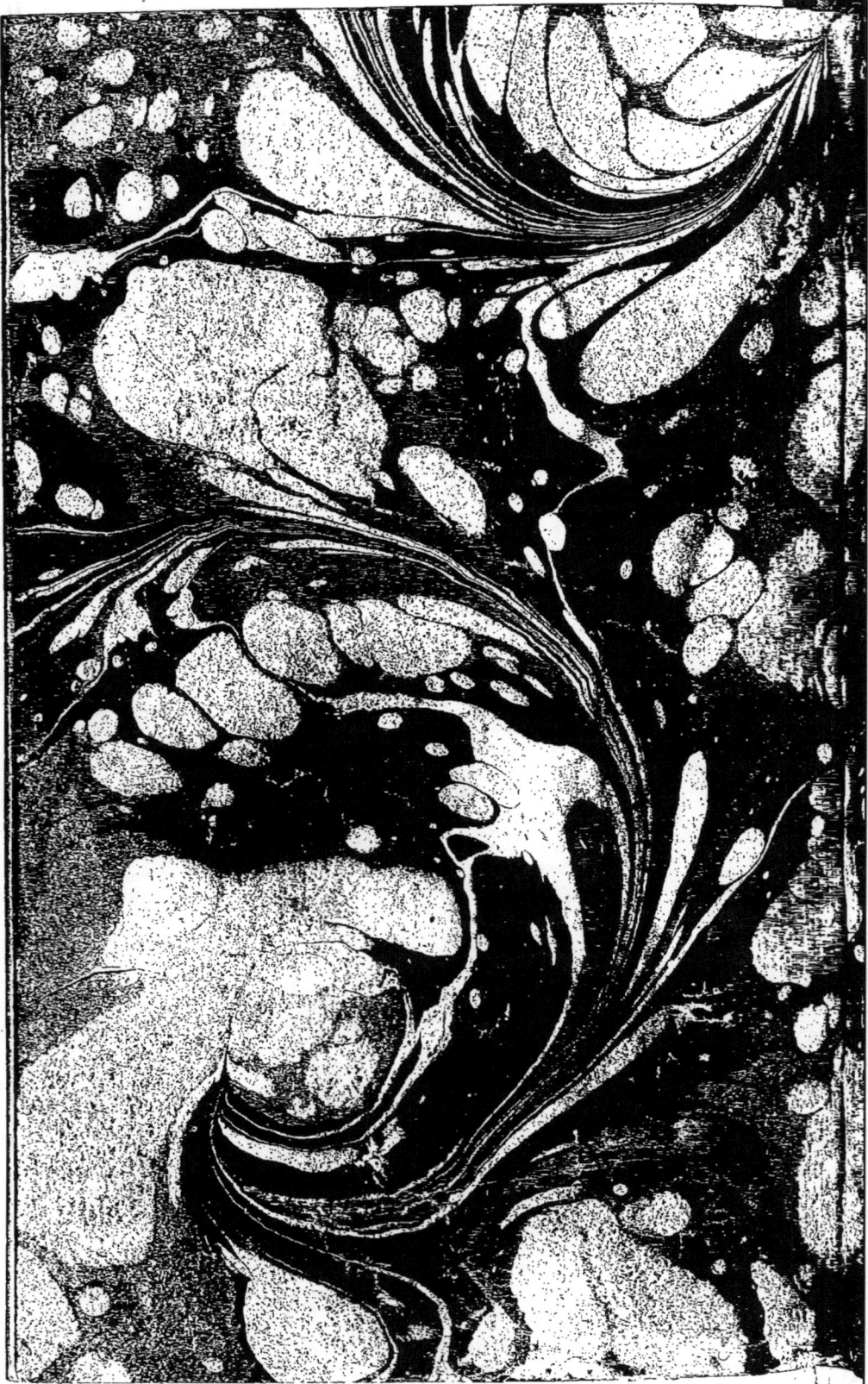

www.ingramcontent.com/pod-product-compliance
Lightning Source LLC
Chambersburg PA
CBHW072312210326
41519CB00057B/4840